延安大学博士科研项目（YDK2012-01）
延安大学2016年度学术专著与教材出版资助（项目编号：2016CB-09)

湖泊滩坝砂体
内部构型及控油模式研究
——以黄骅坳陷港中油田沙一段为例

INTERNAL ARCHITECTURE AND PATTERN OF
OIL-CONTROL OF BEACH-BAR SANDBODY OF LACUSTRINE FACIES
—A CASE OF THE FIRST MEMBER OF SHAHEJIE FORMATION OF
GANGZHONG OILFIELD OF HUANGHUA DEPRESSION

吴小斌 ◇ 著

西南交通大学出版社
·成都·

图书在版编目（ＣＩＰ）数据

湖泊滩坝砂体内部构型及控油模式研究：以黄骅坳陷港中油田沙一段为例／吴小斌著．—成都：西南交通大学出版社，2016.11
ISBN 978-7-5643-5129-8

Ⅰ. ①湖⋯ Ⅱ. ①吴⋯ Ⅲ. ①油砂体–油气藏–研究–中国 Ⅳ. ①P618.130.2

中国版本图书馆 CIP 数据核字（2016）第 276658 号

湖泊滩坝砂体内部构型及控油模式研究
—— 以黄骅坳陷港中油田沙一段为例

吴小斌　著

责 任 编 辑	柳堰龙
封 面 设 计	墨创文化
出 版 发 行	西南交通大学出版社 （四川省成都市二环路北一段 111 号 西南交通大学创新大厦 21 楼）
发 行 部 电 话	028-87600564　028-87600533
邮 政 编 码	610031
网　　　　址	http://www.xnjdcbs.com
印　　　　刷	成都勤德印务有限公司
成 品 尺 寸	170 mm × 230 mm
印　　　　张	11.5
字　　　　数	202 千
版　　　　次	2016 年 11 月第 1 版
印　　　　次	2016 年 11 月第 1 次
书　　　　号	ISBN 978-7-5643-5129-8
定　　　　价	45.00 元

图书如有印装质量问题　本社负责退换
版权所有　盗版必究　举报电话：028-87600562

前　　言

　　湖泊相滩坝砂体是我国东部油田重要的储集层类型之一，其内部构型研究是油气田开发中后期开发地质领域中的前沿课题。黄骅坳陷港中油田沙一段滩坝砂油气藏有两个显著的特征：构造复杂、断层多、断块小；油砂体储量规模及产能差异大，10% 的油砂体贡献了港中油田近一半的地质储量。经 30 多年的开发，面临两个突出问题：受复杂断层及岩性控制，储层横向变化快，油砂体分布认识不清，控油因素复杂；主力开发砂体剩余油分布规律不清，油田挖潜工作难度大。因此，开展港中油田滩坝砂体控油模式及内部构型的研究工作，对于复杂油气藏的二次开发，提高油田的最终采收率，具有非常重要的现实意义和理论意义。

　　本书以储层构型理论为指导，结合青海湖现代沉积、露头与动静态资料，对港中油田沙一段滩坝砂体内部构型及控油模式进行研究。开展单砂层地层对比、构造特征、精细沉积微相、储层特征等方面的研究，提出富油砂体的概念和标准，分析总结控油因素和控油模式。以现代沉积及重点砂体为基础，界定滩坝砂各级构型界面，划分单井构型单元并对单一坝及其内部夹层的倾向、倾角及增生体进行了解剖。探讨了复杂断块港中油田剩余油分布，总结了剩余油分布模式。

　　提出了富油砂体的概念，界定了港中油田滩坝砂富油砂体储量及产能标准。从沉积、成岩、断层及微构造等方面揭示了其分布规律，总结出 5 种控油模式。

　　系统地界定了滩坝砂各级构型界面，总结出 6 种 3 级界面识别方法和单一坝的 6 种垂向组合特征和 4 种平面识别标志。在剖面上单一坝为底平顶凸、近陡远缓不对称形态，呈斜列状排列。平面上单一坝平均长度 1 036 m，平均宽度 421 m，平均厚度 8.7 m，平均长宽比 2.5，平均宽厚比 49.1；其长轴方向为北北东 15° 和北西西 295°，并且以北北东方向为主。

　　取得了滩坝砂内部 3 级构型界面处可发育泥质、钙质夹层的新认识，首次提出了夹层倾角计算新方法——三维模型层面扫描最大值法,即在三维空间沿3级构型界面进行扫描计算真倾角。单一坝内部侧向泥质夹层,倾角为2°~5°,侧向泥岩夹层平均密度为1条/70 m,坝内增生体的规模一般为60~90 m。

最后从断层和构型两个角度,探讨了高含水期湖泊滩坝砂体内部剩余油分布,总结了两大类18种剩余油分布模式,丰富了复杂断块块油气剩余油分布理论。

全书共分7章,由吴小斌著。本书在撰写过程中,得到了大港油田、中国石油大学(北京)专家学者的大力支持和帮助,在此一并致谢。

本书对所用资料、数据尽量作了注明,但难免有未尽之处;同时,国内滩坝砂构型的研究仍处在探索研究的阶段,本书部分认识、观点难免有不当之处,敬请读者提出宝贵意见。

作者

2016年8月

目 录

第1章 绪 论 ·· 1
1.1 研究目的及意义 ·· 1
1.2 国内外研究现状及进展 ·· 2
1.2.1 滩坝砂体研究现状 ··· 2
1.2.2 滩坝砂构型研究进展 ······································ 5
1.2.3 夹层描述研究进展 ··· 6
1.2.4 滩坝砂体内部夹层 ··· 7
1.2.5 复杂断块滩坝砂剩余油分布 ····························· 7
1.2.6 滩坝砂控油因素及模式研究 ····························· 9
1.2.7 研究不足及存在问题 ····································· 10
1.3 研究区开发概况及主要存在问题 ································ 11
1.3.1 研究区油气藏特征 ·· 11
1.3.2 开发概况 ··· 14
1.3.3 主要存在问题 ··· 16
1.4 研究内容和技术思路 ·· 17
1.4.1 研究内容 ··· 17
1.4.2 技术思路 ··· 18
1.5 本书主要工作量 ·· 19
1.6 主要成果及认识 ·· 20

第2章 港中油田滩坝砂油气藏地层构造格架 ························· 23
2.1 地层层序划分 ··· 23
2.1.1 地层特征 ··· 23
2.1.2 单砂层地层对比划分 ····································· 24
2.1.3 单砂层细分结果 ·· 30
2.2 构造特征研究 ··· 31
2.2.1 断裂特征 ··· 31
2.2.2 断裂构造样式 ··· 33

2.2.3　断块构造特征 ································ 34
　　2.2.4　微构造特征 ································ 35

第3章　湖泊相滩坝砂精细沉积微相研究 ················ 38
3.1　研究区沉积背景 ································ 38
3.2　现代滩坝砂沉积类型 ····························· 39
3.3　沉积微相标志 ·································· 42
　　3.3.1　古生物标志 ································ 42
　　3.3.2　岩石颜色及岩性特征 ························· 43
　　3.3.3　沉积构造 ·································· 43
　　3.3.4　粒度特征 ·································· 45
　　3.3.5　测井曲线标志 ······························· 46
　　3.3.6　岩性组合及岩石相类型 ······················· 48
3.4　微相类型与沉积微相分析 ························· 48
　　3.4.1　微相类型及相模式研究 ······················· 49
　　3.4.2　单井相分析 ································ 50
　　3.4.3　剖面相分析 ································ 53
3.5　微相平面展布及时空演化 ························· 55
　　3.5.1　滨Ⅰ油组 ·································· 55
　　3.5.2　板3油组 ··································· 60

第4章　储层与非均质性研究 ·························· 63
4.1　岩性与物性特征 ································ 63
4.2　储层宏观非均质特征 ····························· 65
　　4.2.1　层内非均质特征 ····························· 65
　　4.2.2　层间非均质特征 ····························· 70
　　4.2.3　平面非均质特征 ····························· 72
4.3　储层微观非均质性特征 ··························· 73
　　4.3.1　孔隙类型 ·································· 73
　　4.3.2　喉道类型 ·································· 75
　　4.3.3　储层分类 ·································· 75
　　4.3.4　孔隙结构的影响因素 ························· 78
4.4　黏土矿物分布特征及储层敏感性分析 ················ 79
　　4.4.1　黏土矿物分布特征 ··························· 79

4.4.2 储层敏感性分析 79

第5章 滩坝砂富油砂体刻画及控油模式 81
5.1 问题的提出及研究思路 81
5.1.1 问题的提出 81
5.1.2 富油砂体研究思路 82
5.2 储层四性关系及有效储层标准 84
5.2.1 岩性特征 84
5.2.2 电性特征 86
5.2.3 物性特征 87
5.2.4 含油性特征 88
5.2.5 有效储层标准 89
5.3 低阻油层及水淹层识别 89
5.3.1 低阻油层 89
5.3.2 高阻水层 92
5.3.3 水淹层储层特征分析 92
5.4 储层分布特征 96
5.4.1 单砂层平面展布 96
5.4.2 有效储层与砂岩平面展布差异分析 97
5.4.3 油砂体平面展布 98
5.4.4 砂体连通性分析 99
5.5 富油砂体刻画 100
5.5.1 富油砂体概念、标准及其特征 101
5.5.2 富油砂体分布特征 104
5.6 重点区块三维模型 106
5.6.1 地层构造模型 107
5.6.2 属性模型 107
5.7 单砂体油气富集主控因素及控油模式 109
5.7.1 微构造控油 110
5.7.2 断层控油作用 111
5.7.3 沉积微相对单砂体油气富集的控制 112
5.7.4 成岩相对单砂体油气富集的控制 114
5.7.5 富油砂体控油模式及潜力意义 114

第6章 湖泊滩坝砂体内部构型研究 … 116
6.1 滩坝砂构型模式的定性认识 … 116
6.1.1 青海湖现代沉积资料 … 116
6.1.2 滩坝砂露头资料 … 118
6.1.3 单一坝内部构型模式定性认识 … 119
6.2 构型界面识别与构型单元划分 … 120
6.2.1 表征层次的确定 … 120
6.2.2 界面的识别与划分 … 120
6.2.3 单井构型单元划分 … 124
6.3 单一坝的识别及定量表征 … 126
6.3.1 单一坝的垂向组合特征 … 126
6.3.2 单一坝的平面识别标志 … 127
6.3.3 单一坝定量统计参数 … 130
6.4 单一坝内部夹层研究 … 131
6.4.1 单一坝内夹层分类及识别 … 131
6.4.2 单一坝内夹层倾向 … 132
6.4.3 夹层倾角计算及新方法 … 132
6.4.4 增生体规模的推算 … 136
6.5 典型单一坝砂体内部构型解剖 … 136
6.5.1 港359井组构型解剖 … 137
6.5.2 港359井组构型结果验证 … 141
6.5.3 中10-61-1井组构型解剖 … 143

第7章 港中油田滩坝砂剩余油分布研究 … 148
7.1 剩余油富集区分布研究 … 148
7.1.1 剩余油分布特征 … 148
7.1.2 剩余油分布主要类型 … 151
7.2 断层控制剩余油分布模式 … 152
7.3 构型对剩余油的控制作用 … 154
7.3.1 单一坝控制的剩余油 … 155
7.3.2 单一坝内部夹层控制的剩余油 … 156

第8章 结论与认识 … 160

参考文献 … 162

第1章 绪 论

1.1 研究目的及意义

湖泊滩坝砂体在中国新生代陆相湖盆已开发油田碎屑岩储层石油储量中所占的比例仅为1.8%，在储层体积上似乎显得不是很重要，但是其良好储层特征及高产能力引起了人们的注意，如在辽河坳陷兴隆台油田沙一段第四亚层，2~4 m厚度的砂坝储层单井日产高达100 t[1]。近年来，随着国内勘探开发工作的深入，多处湖盆凹陷区发现了滩坝砂储集体。如在东营凹陷博兴地区古近系沙四上亚段，冀中坳陷滦县凹陷沙一段，济阳坳陷车镇凹陷沙二段，沾化凹陷桩西地区沙二上亚段，惠民凹陷中央隆起带沙四上亚段，长岭凹陷腰英台地区青山口组等众多地区均发育滨浅湖滩坝沉积[2-9]。滩坝砂作为陆相湖盆碎屑岩储集层的一种重要类型，具有储层质量高、单砂体储量大、产能高的特点，是储层沉积及油气田开发地质研究的一个热点问题，目前也是众多学者关注的重要研究对象。

港中油田属于复杂构造—岩性油气藏，原始油砂体的分布受断层、构造、沉积成岩控制。港中滩坝砂储层发育薄层低产的滩砂和油层厚度大、地质储量大、产能高的坝砂。含油砂体，尤其是油气相对富集的油砂体，控油因素复杂，分布认识不清，具有一定的特殊性和复杂性。受井网和地质认识的限制，地下仍有潜在的油砂体尚未被发现。因此开展油砂体富集规律研究，建立控油模式，对于寻找潜力目标砂体以及老油田的开发调整有着重要意义。

我国大港等东部老油田，大部分都已经进入中、高含水阶段，如何挖潜剩余油，提高采收率是每一个油田生产单位面临的实际问题，同时也是广大石油工作者面临的重点与难点[10]。每一个老油田，不管是什么类型的油藏、其沉积环境和沉积微相有多大差异，面临的实际问题都具有相似之处。对于油田的主力层来讲，经过几十年来的注水开发、多轮次的上产措施调整，主力油层的剩余油总体具有"高度分散、局部富集"的特征，"认识剩余油，挖掘剩余油"是当今老油田的核心内容[11-14]。

港中油田主力开发砂体油层厚度大，连片性好，油气也最富集。实践表明，这些主力砂体在开发几十年后仍是剩余油最有利富集区。但是砂体内部剩余油分布复杂，常规储层研究手段不能适应目前面临的高含水高采出油藏提高采收率的挑战，迫切需要开展以储层构型为主的砂体内部解剖研究。对主力油层深入研究，分析剩余油分布规律，找到剩余油富集部位，通过精细注采调整及钻调整井、加密井、水平井、侧钻井等一系列技术手段，改善开发后期油田开发效果，是该类油田增产稳产、提高采收率的主要途径。然而，港中复杂断块油田剩余油的分布极其复杂，单一的手段难以清楚描述剩余油的分布规律，需要从多角度、多层次综合分析去认识，并建立剩余油分布模式。

本书追踪当今储层沉积及开发地质研究领域的前沿课题，紧紧围绕复杂断块滩坝砂内部构型及控油模式这一核心问题，以油砂体刻画建立单砂体级别砂体控油模式以及主力砂体内部构型、揭示不同级次构型单元对剩余油的控制作用作为主要研究内容，具有一定的理论意义和实践意义。

1.2 国内外研究现状及进展

对本书研究相关的滩坝砂体沉积、储层构型、内部夹层、控油因素、控油模式及滩坝储层剩余油分布模式等前沿学术问题，进行了国内外研究现状文献调研。

1.2.1 滩坝砂体研究现状

1. 滩坝砂体的概念

滩坝砂体是湖泊相滨浅湖亚相一种常见的砂体组合类型，是滩砂和坝砂的总称。早期，受钻井数量和地震资料品质低、分辨率低的限制，难以区分湖盆中滩砂和坝砂。因此"滩坝"这个地质术语泛指湖泊滨湖、浅湖地区的滩砂和坝砂[15]。

近年来滩坝砂研究表明,"滩"和"坝"的分布特征、沉积厚度、粒度与几何形态等方面均有明显差异[5]。因而,对滩砂和坝砂的概念也有了一个更为准确的定义。滩砂是指分布于滨湖地带,呈条带状或席状的薄层砂,多是砂泥薄互层状沉积。坝砂体是指与湖岸平行或斜交,呈长条状或不规则土豆状的厚层砂体,泛指砂坝、砂嘴、障壁岛、堡岛等,中间可有湖湾发育[16]。

国外湖泊滩坝沉积研究较多的主要有美国大盐湖砾质滩坝沉积、Bogoria湖滩坝、美国尤英因塔盆地绿河组滩坝沉积以及加利福尼亚里奇盆地上新世古代滩坝沉积[17]。Reading 和 Richard 等研究了滩坝沉积形成的控制因素以及与层序地层演化规律的关系,对滩坝砂体的识别、形成机制以及相组合关系等进行了较为全面的描述[18,19]。

2. 滩坝砂体的分类

目前关于滩坝砂体的分类方案较多,一般依据滩坝砂体的主要成分、发育位置、物源供给情况以及水动力条件等方面来划分[20]。

根据滩坝沉积所在位置、沉积环境和砂体特征,可将滩坝沉积进一步划分为远岸砂坝、近岸滩坝和湖滩(或沿岸滩坝)等3种类型[21,22]。

依据滩坝砂体的主要成分划分为陆源碎屑滩坝和碳酸盐滩坝或者砂质滩坝、砾质滩坝和生物碎屑滩坝[2,23,24]。

依据滩坝发育位置与构造单元关系划分为洼陷边缘过渡带的近岸砂坝和断阶带及断鼻构造侧翼或倾没部位发育的远岸砂坝[25]。

综合滩坝砂体的成因类型划分为4类:湖岸线拐弯处的砂质滩坝、生物滩及鲕粒滩;水下古隆起区的生物滩、鲕粒滩及砂质滩坝;三角洲侧缘处的砂质滩坝;浅湖地区的砂质滩坝、生物滩及鲕粒滩[26]。

3. 滩坝砂体的沉积特征

滩砂垂向剖面上砂岩与泥岩频繁互层,大的互层内部又发育更小一级的互层,垂向上粒序特征不明显。

坝砂表现为厚层砂岩与厚层泥岩的互层,砂层少但单层厚度相对较大,在横剖面呈底平顶凸或双凸型的透镜体。坝砂的顶底与浅湖泥的接触关系既可以是渐变的,也可以是突变的。垂向上粒度变化复杂,正韵律、反韵律层序及复合韵律均有发育[16]。

Charles 建立了墨西哥西北部 Ship Rock 地区 Gallup 滨岸的剖面模型,分析了滩坝的沉积特征[27]。Gordon 对 Michigan 湖西南滨岸分布的滩脊复合体的 7 种不同环境的沉积特征进行了探讨[28]。

4. 滩坝砂体的微相类型及相模式

滩坝砂体是湖泊相重要的砂体类型。国内外对湖泊体系亚相的划分方案基本一致,即采用浪基面、枯水面和洪水面三个界面划分为深湖、半深湖、浅湖、滨湖、扩张湖以及湖湾亚相[16,29,30]。在研究古代湖相沉积时,由于缺乏明显的亚相鉴别标志,而难以区分浅湖和滨湖亚相,因而通常笼统地称为滨浅湖亚相。

对滩坝砂体微相的划分,目前缺乏一个统一的划分方案,大体上存在三种方案。第一种明确将滩坝砂体单独划分开,将坝砂体划分为坝主体、坝侧缘、坝间微相;将滩砂分为滩主体、滩侧缘及滩间共 6 种微相类型[31]。第二种不单独区分滩坝砂体,但是突出滩坝内外缘沉积的差异性,划分为坝前、滩坝外侧缘、滩坝主体、滩坝内侧缘及坝后 5 种微相类型[23,32,33]。第三种方案,同样也将滩坝砂体单独划分开,将坝砂体划分为坝主体、坝边缘微相;将滩砂分为滩席(滩脊间)及滩脊共 4 种微相类型[34,35]。此外,少数学者认为滨浅湖亚相可划分为泥滩、混合滩、砂质滩坝 3 种微相[36]。

湖泊滩坝砂发育多种沉积模式。依据陆相断陷盆地不同演化阶段,分为断—坳期碟形洼陷碎屑岩滩坝相分布模式,断—坳期双断对称中隆型洼陷滩坝相分布模式,断陷期单断非对称式水下中隆型洼陷滩坝相 3 种分布模式[4]。

依据湖平面变化,分为湖侵和湖退两种滩坝沉积模式[7,8],其中湖退环境背景下沉积相模式显示了湖水变浅、滩坝向湖盆中心侧积的演化模式[23]。

物源类型、物源供应强度及水动力条件对滩坝的形成有重要影响。根据湖浪水动力强弱条件,可以建立正常波浪水动力条件和间歇性波浪条件下滩坝沉积模式[8,37]。

朱筱敏等(1994)根据滩坝砂的分布位置等,分为湖岸线拐弯处、水下古隆起处、三角洲侧缘及开阔浅湖滩坝砂 4 种沉积模式[26]。杨勇强等(2011)依据物源类型的不同,建立了基岩—滩坝沉积模式、扇三角洲—滩坝模式、正常三角洲—滩坝模式以及碳酸盐岩滩坝四种沉积模式[2]。开阔滨浅湖滩坝砂是目前研究较多的一种类型,先后在车镇凹陷、板桥凹陷等建立了具体研究区的滨浅湖砂质滩坝相沉积模式[5,7,38,39]。

1.2.2 滩坝砂构型研究进展

构型（architecture）主要指不同级次储层构型单元的大小、产状、几何形态以及空间接触关系等内容。构型的概念起源于河流相储层，由 Allen 提出了 Fluvial architecture 的概念[40]，描述河道、溢岸沉积的形态及其内部组合关系。随后，Miall 首次系统的提出了河流相储层构型单元分析法，并提出了构型单元、构型界面等概念[41]。随后，国内外学者针对典型的露头和现代沉积，运用构型的思想对不同的类型的沉积砂体进行了研究，如漫溢沉积、冲积扇、障壁岛潮汐水道、三角洲平原、重力流水道、扇三角洲等[42-47]。

构型理论的研究在曲流河储层研究中相对成熟，建立了大量的沉积模式、构型定性定量模式，为后来其他沉积类型的构型研究方法思路奠定了基础[48-60]。如何文祥等（2005）以济阳坳陷东营凹陷胜坨油田胜二区沙二段为例，运用储层构型分析法，对三角洲前缘河口坝砂体划分为三种级次（河口坝复合体、单一河口坝、河口坝内增生体），建立了河口坝储集层构型模式[61]。焦巧平等（2009）以克拉玛依油田三叠系克下组砂砾岩油藏为例，对洪积扇相砂砾岩体储层构型研究方法进行了初探[62]。

国外沿岸砂坝的沉积多以滨岸相为主，且受到波浪、潮汐及沿岸流作用的共同改造，而与我国典型的陆相湖泊滩坝沉积环境相比，二者在沉积环境、水动力条件及其作用方式等方面有所不同[63-67]。如 Lesli J W（2008）利用古代和现代沉积体系的资料，预测潮汐砂体的储层构型，认为沉积物类型和数量、水深、潮汐流速和幅度都影响单个砂坝和砂脊的尺寸和分布[68]。

近年来随着构型理论的发展，在国内也有少数学者针对滩坝砂体做了一些初步的尝试。如陈清华（2008），金大伟（2009）运用"储层建筑结构分析法"和"储层构成单元分析方法"，对东营凹陷史南地区湖相碳酸盐岩滩坝储层进行了精细划分对比，建立了同期滩坝体识别标志，对于碳酸盐岩滩坝的构型具有一定的意义[69,70]。在储层层次划分上，提出了油层组、砂层组、小层、单砂层及同期沉积单元的五级划分方案；文中提到的层次要素类型与沉积微相类型一致；其核心思想是"层内细分体、体内细分相"，即单砂层内细分不同期的坝体，在同一期的坝体又细分相。此外，在对博兴凹陷沙四段的砂砾质滩坝储层分析中，也同样存在储层结构要素与微相类型混淆，层次界面划分方法和划分结果与经典 Mail 的界面分级方案存在较大分歧（刘寅，2009）。由此可见，在运用构型方法进行滩坝砂地层对比、储层分析中，忽视了界面的识别工作，层次划分方法和现在构型研究方法迥异，构型要素单元与沉积微相类型混淆，存在名词术语不统一的情况，缺乏系统规范的研究。文献中构型研究没有涉及与剩余油的关系，尤其是缺乏露头和现代沉积的实例研究，对构型单元内部夹层没有做工作。

目前文献调研表明，针对典型陆相湖泊砂质滩坝砂的构型研究成果甚少，未见报道。因此，本书结合现代沉积、露头等资料，运用构型理论，通过界面的识别划分，对滩坝砂单一坝及其内部进行定量解剖研究，探讨储层内部构型与剩余油的关系，具有非常重要的理论探索意义。

1.2.3 夹层描述研究进展

在开发中后期，隔夹层类型划分、识别及定量描述是开发地质研究的重点与难点[71]，同时砂体内部夹层描述是构型研究的一个重要内容和前沿课题。

隔夹层的分类主要有：①从岩性上分为泥质夹层、钙质夹层、灰质夹层等；②从成因上分为沉积型、成岩型；③从夹层的规模和空间连续性上分为相对稳定、较稳定和不稳定，也可称为随机性、过渡性和连续性三种[72,73]；④从对流体运动阻挡作用上，分为隔层（Barrier，指不渗透层）和夹层（Baffle，即相对低渗透层）[74]；⑤综合成因岩性分为泥质夹层、钙质夹层和物性夹层三类[75]。

夹层描述已经进入一个从单井划分到井间预测、从定性规律统计到定量参数计算的新阶段，并产生了一系列的新方法和新思路。

地下储层夹层的识别分为单井识别和井间预测两个方面。在夹层研究中，一般单井识别方法主要有岩心识别、测井方法识别，利用单井资料建立隔夹层识别方法、标准及蜘蛛网图模板来识别夹层[76,77]。井间识别主要有随机模拟方法和储层构型解剖方法。如严耀祖（2008）等应用随机建模方法建立了隔夹层分布模型，提出井间隔夹层预测新方法[78]。近年来，随着曲流河、辫状河构型研究的深入，确定了夹层空间分布模式，为夹层的定量描述提供了新的思路[79-81]。

在大量露头、现代沉积、水平井资料基础上对夹层的研究表明，同期砂体内部由于夹层所处位置不同或观测的方位的不同，所反映出的夹层的形态、长度、厚度及角度可能不同[82-85]。目前，利用小井距对子井计算夹层倾角的方法，已经得到广泛的应用[86]。利用该种方法得到的倾角数据在一定程度上能够代表当前条件下对夹层的认识程度。然而，不可否认的是，小井距对子法计算的夹层倾角实际为视倾角，应该对结果予以校正；校正的方法可以通过构型平面图和水平井资料来校正[87]。

1.2.4　滩坝砂体内部夹层

关于滩坝砂内部夹层，有两种认识观点。早期认为，我国东部中、新生代湖盆滩坝砂体，由于湖盆水动力能量较小，碎屑物供应欠充足，一般形成薄层滩坝砂沉积；滩坝砂是分选较好，层内渗透率比较均匀，层内夹层相对不发育的均质储层[88]。如杨国安等（2004）通过港中油田沙河街组湖相储层沉积微相的研究，认为坝砂体由多期正反韵律砂层叠加而成，中间无泥质夹层，一般厚 5 m，最厚达 30 m[89]。

近年来，部分学者通过岩心观察表明，湖泊滩坝砂体内部发育不同岩性（泥质、灰质、白云质）的夹层。如邓宏文（2008）指出坝砂是由多个旋回叠置组成，旋回之间为薄层坝间泥岩夹层沉积，偶见灰质夹层[5]。另外，在东营凹陷西部地区湖泊滩坝砂沉积发育砂泥互层和灰质、白云质的夹层[90]。泥质夹层也有多种颜色，其颜色多为灰色、浅灰绿色及紫红色。不同的颜色的夹层代表不同的成因，如王萍等（2009）通过对东营凹陷陈官庄地区滩坝砂研究认为，滩坝砂内发育紫红色泥岩夹层，其成因主要与湖水对滨岸地带冲积扇扇端紫红色泥岩改造有关[91]。

1.2.5　复杂断块滩坝砂剩余油分布

剩余油分布研究是石油工业迄今尚未得到完善解决的重大课题之一[92]，国内外众多的学者从多个角度对此进行了深入的研究。近年来，剩余油的研究也取得了丰硕的成果，以剩余油为主题的科技文献数量近五千篇，研究成果集中在剩余油的形成机理、分布规律、预测方法及挖潜技术三个方面上；同时在剩余油研究过程中，形成了一系列研究新方法、新技术和新思路。这也从另外一个方面折射出剩余油分布的复杂性和重要性。

剩余油大体上可以概括为两类：未动用或基本未动用的剩余油，已动用油层内部的剩余油（可以细分为平面上、厚度上及水淹区微观规模三个方面[93]）。在复杂断块油田，储层受复杂断层及岩性所控制，在三维空间上具有"迷宫状"结构。受井网及地质认识的限制，通过钻井的加密、更新，仍有钻遇发现油砂体的可能性，这些剩余油潜力砂体仍属于剩余油的范畴[94]。因此，研究港中油田已经发现的油砂体的控制因素和分布规律，可以更好地为寻找到潜在剩余油目标砂体服务。

复杂断块滩坝砂体原始油藏就存在油水分布零散、油水关系复杂的特征，在经过长期的注水开发和多轮次的调剖措施工作，剩余油的分布就更为复杂。本书首先从复杂断块剩余油分布、滩坝砂内部剩余油分布两个方面进行了文献调研。

1）复杂断块剩余油分布

复杂断块油田断层发育、断块面积小、构造复杂、油水关系复杂。到开发中后期剩余油不但分散而且难以识别[95]，单一的剩余油研究方法不仅难以查明其分布规律[96]，而且单一因素所控制的剩余油数量也很有限。因此，应采用多种方法、新的思路进行综合研究复杂断块剩余油的分布。黄骅坳陷沙河街组发育不同级次断层，并且次一级断层的数目是上一级断层数目的3～5倍[97]。小断层存在与否、封闭性能好差以及小断层后期是否活化，对于开发中后期复杂断块的剩余油分布有着关键的影响[98]。如Ambrose等（1998）对马拉开博湖北部第三纪临滨储层的研究，指出岩相构型和构造是控制储层结构、流体运移通道和剩余油分布的主要控制因素[99]。近年来，东部断块老油田进行多轮次油藏描述，对地下构造、储层和流体已有一定的认识。然而油田的采收率却难以大幅度提高，究其原因有三个方面：对储层的真实面貌仍然认识不够清楚，特别是井间问题；依据老的低精度地震资料解释的断层及其平面分布位置，制约着剩余油富集区的确定；微幅构造的类型及其平面确定，影响着剩余油分布范围。因此，综合运用构造精细解释、单砂体刻画及其储层内部结构研究，重新构建复杂断块地下认识体系，对于复杂断块剩余油分布研究很有必要性[100,101]。

2）滩坝砂剩余油分布

不同沉积类型的储集层具有不同的采收率和剩余油分布规律[102]。据测算，滩坝砂体在含水100%时的驱油效率平均为67.1%，平均可动剩余油分布概率为27.3%[103]。在储量较大的油砂体内部还有很大潜力，是目前挖潜的重点目标。如在东营凹陷平方王滩坝相低渗透油田，储层宏观非均质性对水驱油开发和剩余油形成、分布的控制作用。研究认为，油层的水淹层厚度及垂向的剩余油分布受控于层间和层内非均质，油层的水淹面积和平面剩余油分布受平面和层内非均质影响[31]。目前公开发表的文献，关于滩坝砂剩余油的研究并不是很多，基于构型的滩坝剩余油分布的文献鲜有报道。

1.2.6　滩坝砂控油因素及模式研究

研究区内滩坝砂储层既有层薄产量低的砂泥薄互层，又有砂层厚度大、单砂体储量大，单井（层）产量高的坝砂体。不同规模、不同储层质量等级的砂体，在生产动态上有不同的动态特征，并且受控于不同的控油因素和控油模式。因此从砂体分布、沉积、成岩作用、储层质量等方面探讨单砂体控油因素，其目的也是总结规律和模式，为寻找剩余油潜力砂体而服务。

以"油气富集规律""控油作用"等关键词进行文献调研，国内外主要从层序、构造、成藏体系等宏观方面去研究盆地规模或二级构造单元内部整个油藏的油气富集规律，其研究的地层单元一般为系或者组，尚未达到油气田精细开发的程度，不足以解决开发中砂体分布、复杂的油水分布等问题。如孙锡年等（2003）研究指出滩坝砂体的分布规律与盆地构造运动及其演化密切相关，主要受盆地古地形、可容纳空间变化以及物源区碎屑供给的多少控制[104]。

从目前发表的文献看，针对滩坝砂宏观的控油因素的研究相对较多，而对于单砂体规模的油水分布富集规律报道则较少。如杨西燕等（2007）对鄂尔多斯盆地二叠统下石盒子组滩坝砂体沉积特征进行了研究，认为滩坝的沉积环境为滨浅湖相，探讨了"满盆砂"的典型浅湖砂体分布规律[105]。郭艳东等（2007）通过对惠民凹陷沙四上亚段的高精度层序地层分析，研究认为滩坝相发育于基准面下降时期的低位域和高位域时期[106]。此外，通过古地貌恢复，发现坝砂明显受微幅古地貌的影响，并初步总结出4种坝砂沉积的主要位置：沟槽处、鼻状构造侧翼、坡折带以及局部小高地。朱筱敏等（2007）以歧口凹陷沙河街组沙一段为例，研究认为砂体的储层质量与层序地层格架、沉积类型（环境）及成岩环境之间具有明显的关联作用[107]。苏妮娜等（2009）具体研究了北大港成岩作用及成岩相的分布对储层质量的控制作用，表明弱胶结成岩相与不稳定组分溶蚀成岩相是有利的成岩相，是有利的油气富集相带[108]。

研究小规模、小范围的单砂体级别油气富集规律，为复杂油气藏的精细勘探、储量精算和二次开发提供依据，具有非常重要的现实意义。这些研究

主要分为5个方向:

①断层封闭性差异:张小莉等(2006)从断层封闭性的历史性差异方面,来阐明油水分布机理[109]。

②非均质夹层控油:毛志强(2003)初步探讨了非均质储层夹层控油作用,总结了两种模式[110]。邱楠生等(2003),张荻楠等(2000)从渗透率级差、储层孔喉分布特征等入手,分析了非均质性控油的作用[111,112]。王延章等(2006),邹志文等(2010)通过准噶尔盆地莫索湾莫北地区实例,论证了夹层对油水分布的控制作用[113,114]。

③储层质量差异:宋鸥等(2005)研究了黄骅坳陷唐家河油田沙一段下部储层质量,指出断层、砂体及储层质量的差异是导致油水分布零散、油水关系复杂的重要因素[115]。林承焰(2007)详细论述了油气分布的不均一性,特别指出单一断块内位于断层同一盘的一系列单砂体储层的油气分布主要受控于单一砂体的物性、有效厚度、隔夹层分布、沉积韵律性和沉积构造等所体现出的非均质性,以及各单砂层上述各参数纵向的差异性[116]。

④微构造:孙雨等(2009)从基本的控油单元角度,探讨了局部构造的控油模式[117]。

⑤构型单元:渠芳等(2008),侯加根等(2008)从河流相储层的内部构型的角度,研究认为储层构型要素的空间展布及平面配置结构直接控制着油水分布和含油气富集程度的差异性[118,119]。

1.2.7 研究不足及存在问题

1. 滩坝砂沉积微相划分方案不统一

滩坝砂体作为湖泊相碎屑岩重要的沉积储层,沉积亚相的划分达成了共识,但是对微相的划分方法,学者们从不同的角度提出了"仁者见仁、智者见智"的观点,所划分的方案也不尽相同。与河流相、三角洲相相比,湖泊滩坝砂体的微相类型缺乏一个较为完整统一的划分方案。

2. 缺乏滩坝现代沉积及露头的研究

进行现代沉积考察及典型露头的调查工作,是储层沉积学重要的基础工作,是指导储层非均质研究、储层构型研究的理论支持。国内外湖泊的现代沉积考察已经有一些进展,但是针对储层沉积方面的工作以及为建立原型储层模型的典型滩坝砂体的露头调查工作基本上尚未开展。

3. 滩坝砂构型研究刚刚起步存在诸多问题

经过国内外专家学者数十年的科技攻关，储层构型研究的理论方法日趋成熟，尤其在曲流河的研究最为成熟。但是，湖泊滩坝砂体的构型研究工作刚刚展开，公开刊出的科研论文仅仅只有数篇，缺乏系统规范的研究，存在科学术语不规范、沉积微相研究与构型结构要素相互混淆、界面层次划分方法和划分方案等问题；更重要的是缺乏野外露头及现代沉积的科学指导。

4. 滩坝砂内部夹层的认识及夹层倾角计算方法不完善

过去认为滩坝砂是一种相对较均质的储层，内部没有夹层或者不发育夹层。实际上滩坝砂体内部同样发育不同级次的夹层，并且有不同的岩性、不同颜色的夹层。整体上对于滩坝的研究程度相对较低，尤其是对夹层的发育模式认识不清。

近年来，随着夹层描述的定量化，一般常根据对子井的资料计算出夹层的倾角。受钻井数量的限制，在不同方向钻遇的同一个夹层，所反映出的夹层的角度可能不同。理论上讲，只有在沿沉积倾向方向的对子井资料计算出的倾角最为真实，但是对于视倾角的校正工作，尚未得到足够重视。如何计算夹层真倾角的方法，目前还没有人提出。

5. 复杂断块油砂体控油模式及剩余油分布认识不清

复杂断块油田，油砂体分布及油水关系复杂，经过三十多年的开发剩余油分布更加复杂。油砂体控油模式及剩余油分布认识不清，缺乏系统的总结与提升，尤其缺乏构型对剩余油分布控制的研究。

1.3 研究区开发概况及主要存在问题

1.3.1 研究区油气藏特征

港中油田位于黄骅坳陷北大港二级构造带东部，为一个在港西凸起东北斜坡古地形背景上，被断层复杂化了的大型鼻状构造，东起滨塘断层，西与港西构造毗邻，南至港 15 井断层和港东主断层，北到板南断块，四周分别与港东、港西、唐家河及板桥等开发区相邻。主要目的层为下第三系沙河街组及东营组，油藏埋深 1 900～3 050 m，含油面积 34.4 km^2，探明储量 2.683×10^7 t。港中油田共划分 10 个开发单元，滨海断层以北划分北一、北二、北三共三个断块，滨海断层以南划分为南一至南六共六个断块，以及港293 断块，合计共分为 11 个自然断块（图 1.1）。

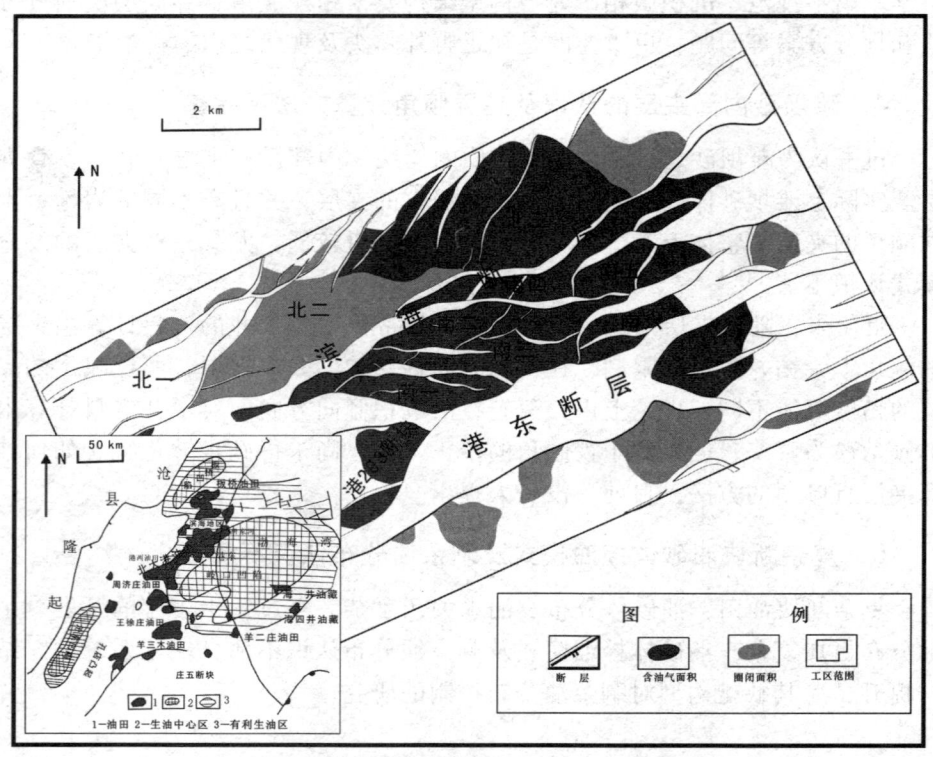

图 1.1　港中油田构造位置图（据大港油田，有修改）

1. 油藏类型

港中油田受多次断裂构造控制，内部发育不同级次的断层，断层组合样式复杂，面积大小不等的自然断块多。在同一断块内部，受沉积和成岩的控制，岩性横向变化快，油气藏类型复杂。港中油田主要有断层油气藏、构造—岩性油气藏和岩性油气藏 3 种类型（图 1.2，图 1.3，图中"z"表示"中"字号井，"g"表示港字号井，"zx"代表中字号更新井，"gx"代表港字号更新井，全书同此例）。

断层油气藏是由至少两条断层夹持,形成断层圈闭油气藏,其特点是断块较大,在断块一侧含油气性较好,油层分布广,是港中最有利的油气藏类型,如南四断块。构造-岩性油气藏,受断层构造和岩性双重的控制,其边界一般由断层或微构造等值线和有效储层尖灭线组成。这类油气藏在研究区所占的比例最大。岩性油气藏,砂体在横向的沉积尖灭,形成孤立的油气藏,局部厚度大,但油层的连片性差。

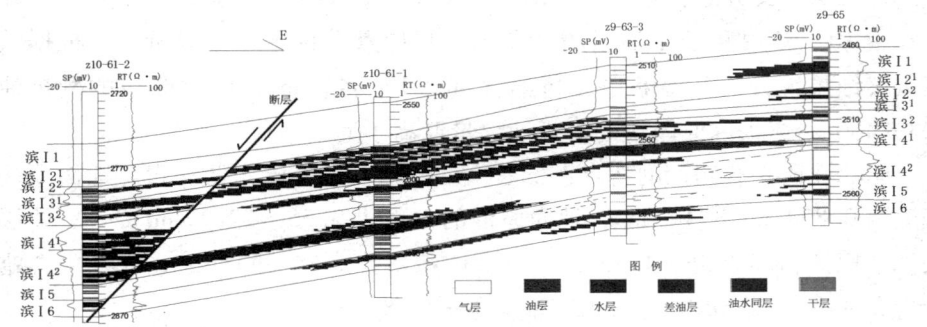

图 1.2　港中油田南四断块中 9-65 井—中 10-61-2 井油藏剖面图

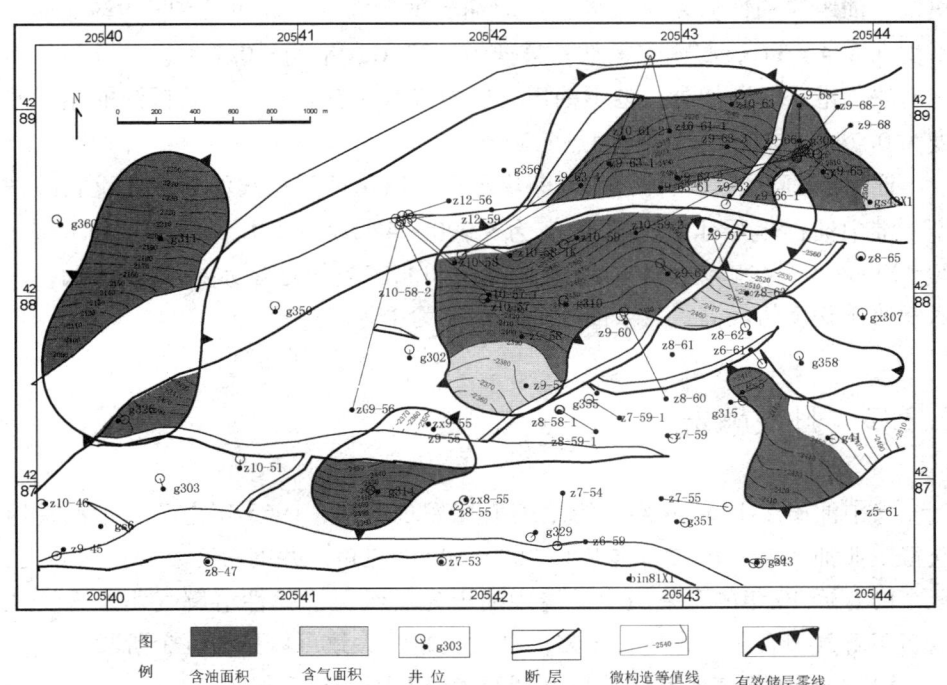

图 1.3　港中油田南四、南三断块滨 I 3^2 油气藏平面图

2. 油气藏流体特征

港中油田天然气以溶解气为主，纯气层较少，多为伴生气。天然气性质受原油性质影响：在沥青含量高、粘度高及密度大的油藏中，天然气中甲烷的含量相对较高，整体上气体相对密度小；在密度小和粘度低的油藏中，甲烷含量较低，气体相对密度偏大。

纯气层主要分布在港中油田的南四断块，例如中 9-63 井—中 8-67 井区和中 10-65 井区滨 I 油组的气顶气，其特点是普遍含有凝析油。根据试油试气结果统计，滨南断块凝析油含量 0.1~34 g/m³，滨北断块的凝析油 103~480 g/m³，滨北断块的凝析油含量要高于滨南断块。

原油性质具有四低的特点：低密度、低粘度、低硫、低沥青。地面原油密度为 0.834~0.894 g/m³，地面原油的粘度为 3.55~27.72 mPa·s；地层条件下原油粘度 0.56~1.75 mPa·s，体积系数 1.365~1.557；原油中含蜡量为 5.93%~28.05%，原油凝固点为 -35.8~-29 ℃。

港中油田不同油组间的原油性质差别不大。而不同断块之间，以南二断块板 3 油组原油性质差别最大，其原油密度较大，最高可达到 0.924 g/m³，平均 0.894 g/m³，凝固点较低，最低为 -27 ℃，平均 -0.7 ℃。此外，除南一断块、港 293 断块外，港中油田气层中普遍含有凝析油，凝析油的相对密度为 0.74~0.78 g/m³，凝固点 -30~-7 ℃。

地层水的水型有两种：南六断块水型为氯化钙型；其他断块为重碳酸钠型。港中油田地层水的总矿化度为 8 990~47 569 mg/L，一般为 15 000~20 000 mg/L。在矿化度上，以南一断块和北三断块地层水矿化度最低，南六断块矿化度值最高，其余断块的矿化度为中等。

1.3.2 开发概况

港中油田于 1964 年经二维地震勘探发现构造，1965 年港 7 井沙河街组获得工业油气流，1972 年年底以 300~600 m 三角形井网布开发井投入开发，至今已有近 40 年的开发历史。港中油田先后经历了弹性溶解气驱及人工注水与溶解气混合驱，并进行了多次开发调整，大致可以分为五个阶段。

1) 弹性溶解气驱开采阶段（1972 年 12 月—1975 年 7 月）

1972 年年底，南一断块以 300~450 m 井距首先投入开发，随后其他断块采用 500~600 m 井距陆续投产。油层原始压力系数较高，原始溶解气油比较高，油井自喷能力强，初期单井产量高（48~100 t/d）。油田全面投入开发后，油藏压力下降很快；到阶段末，全油田地层总压降达 10 MPa 左右，原油日产水平由 1 483 t/d 下降到 992 t/d，单井平均日产油 48 t/d 降到 11.3 t/d，采油速度由 2.23% 降到 1.49%，采出程度仅为 4.24%，综合含水为 24.2%。

2）低压注水阶段（1975 年 8 月—1977 年 12 月）

港中油田自 1975 年 8 月首先在南一断块实施注水开发，以后相继在南二、南三、南四、北三等各断块开始注水开发，在注水初期为低压注水阶段（注水泵压 16 MPa）注水，全油田日注水量为 920 m³。在这一阶段，仅有 25.9% 的水井注水油井见效；到阶段末，原油日产水平降至 566 t，平均单井日产油降至 9.0 t，采油速度降至 0.85%，综合含水为 31.8%；采出程度为 6.9%。

3）局部高压注水阶段（1978 年 1 月—1981 年 7 月）

1978 年 2 月，将各断块的注水井注水泵压提高到 22 MPa，进入局部高压注水阶段。该阶段注采井数比为 1∶3.7，全油田日注水量上升到 1 844 m³。该阶段，受效井比例有所扩大；但是由于注采井网不完善，油层连通差，在高压注水地区 52% 的水井存在注不进水或注水不见效的现象，生产形势仍然没有得到好转。到阶段末，全油田日产油水平下降至 193 t，平均单井产油 3.6 t，综合含水为 63.86%，采油速度为 0.29%，采出程度 8.82%。

4）加密井网，完善注采系统阶段（1981 年 8 月—1993 年 1 月）

最初在南四断块东部进行井网加密，井距由 600 m 缩小到 300 m，注采系统完善后，生产得到明显改善。该断块 1982 年见到注水效果，产量和压力不断上升，原油生产水平由调整前的 9.8 t 上升到 113 t，采油速度上升到 2.16%。随后，在其他断块进行加密调整，但是效果均不够理想。到本阶段末，全港中油田日产水平 231 t，平均单井日产油 3.9 t，综合含水 79.29%，采油速度 0.35%，采出程度 13.59%，生产得到了稳定。

5）中高含水期油藏描述及综合治理阶段（1993 年 1 月至今）

进入中高含水阶段，港中油田进行了 3 轮油藏描述。1993 年—2009 年，共完钻新井 36 口，其中初期产量大于 30 t/d 的井占 22.2%，低产油或低产油高含水井占 30.6%。2009 年以后，依托新的三维地震资料，综合运用构造精细解释、储层预测等技术，深化油砂体储层的精细研究，共完钻新井 21 口井，平均日增油 65 t，累计增油 2.5×10^4 t，累计增气 6.08×10^6 m³。

1.3.3　主要存在问题

港中油田自1965年首开采以来，已经过几代学者的多次研究，取得了丰硕的成果，很好地指导了油田的勘探开发工作，但仍存在以下主要问题：

（1）构造复杂，储层变化大，单个砂体面积小，有效刻画。

港中油田断层发育，构造复杂，储层横向变化大，目前的地震资料分辨率无法满足储层预测的要求。由于储层预测和砂体描述的精度的影响，实钻井的目的层厚度与地震预测的厚度误差相差较大，统计港中油田近3年来所钻的33口调整井，有18口井由于储层问题造成钻井失利，因此储层描述精度问题严重影响了调整方案的效果。

（2）砂体连通程度低，注水效果普遍较差。

对港中53口注水井进行效果统计，其中注水见效井仅占注水井的51%，能够注进水但周围无见效反映的井，主要是注水层位与生产层位不对应。注不进水的井，一种是岩性致密，一种是层位对应差。

（3）储层非均质性强，不同区块不同层系开发效果差异大。

主力开发单元南一、南四断块，开发效果较好。但主力油层水淹严重，目前南一断块平均含水79.07%，平均单井日产油4.7 t，南四平均含水86.95%，平均单井日产油1.96 t。非注水开发单元油层普遍低能，南三断块共钻53口井，目前开井仅4口，占钻井数的7%，油井大部分由于低能停产。

据吸水剖面统计，连通层吸水仅占测试厚度的22.5%，产液剖面统计动用层占总层的41%。加之纵向上由于生产井段长，射开油层多，各层动用程度不清。

（4）主力砂体内部剩余油分布复杂，常规储层研究手段不能适应面临高含水高采出油藏提高采收率的挑战。

主力砂体水淹程度高，剩余油分布复杂；迫切需要开展以储层构型为主的砂体内部解剖研究，搞清砂体内部界面、叠置关系和几何形态，以及层内隔夹层等渗透屏障的展布，从而揭示主力砂体内部剩余油分布规律。

（5）非主力砂体分布认识不够，提高开发效果难度较大。

非主力砂体尖灭快，油层分布复杂、采出程度低，对应的注采井网不完善，稳产基础差，产量递减快；需加强砂体展布规律认识和砂体分布预测研究。

结合开发地质领域中的热点及港中油田的实际问题，本书以剩余油分布及构型理论为指导，开展两方面的工作：综合井震资料，进行油砂体精细刻画，分析砂体分布规律和连通关系，揭示其分布控制因素，建立单砂体级别的三维地质模型；对主力注水开发区块的主力砂体，进行砂体内部构型解剖，揭示油水运动规律；最终为定量描述剩余油分布状况、编制切实可行的挖潜方案服务，达到改善油藏开发效果的目的。

1.4 研究内容和技术思路

1.4.1 研究内容

基于滩坝砂体内部构型、单砂体控油模式以及剩余油方面的研究现状及研究区生产开发中存在的突出问题，本书首先从高分辨率等时地层对比入手，在前人油藏描述地层格架基础上，复查小层、单砂体划分结果，建立不同级次等时地层格架。在不同级次等时地层格架下，以取心井资料为基础，以单砂层为单位，重新构建砂体和沉积微相平面展布，揭示砂体几何形态和发育分布规律。研究不同微相单元平面、空间演化关系，分析油砂体成因和展布规律。选择重点区块（南四、北三断块）密井网区展开构型研究的工作，精细刻画砂体内部构型单元三维空间叠置关系，建立夹层发育模式。分析总结复杂断块油田断层、沉积、不同级次构型界面对油水运动的影响作用，建立剩余油的分布模式，为开发动态分析、剩余油挖潜提供更准确的地质依据。具体研究内容包括：

（1）建立单砂层等时地层格架。

在前人油藏描述地层成果基础上，复查小层、单砂层划分结果，根据高分辨率层序地层和现代沉积学理论，以储层多层次逐级细分对比为原则，应用测井、录井、三维地震及动静态资料相结合，对港中油田沙一段进行精细地层对比，建立单砂体级别的等时地层格架。

（2）单砂层沉积微相精细研究。

在不同级次等时地层格架下，以单砂层为单位，综合应用岩心、测井及动态信息，确定沉积微相类型，进行单井相分析，绘制取心关键井单井沉积微相综合图，并建立相层序及微相模式；非取心井利用测井相标志按单砂层划分沉积微相；连井剖面微相分析；进行单砂层平面沉积微相研究，绘制全油田主要含油单砂层沉积微相平面图，揭示沉积演化规律。

（3）砂体油水分布控制因素及模式研究。

以沉积微相研究成果为基础，进行砂体几何形态分析和重点油砂体展布分析；以取心井为基础，研究储层四性关系，总结有效储层砂体识别标准；研究油砂体分布特征，剖析单砂体的宽度、厚度及宽厚比，丰富定量知识库；分析控制单砂体含油性的关键因素，总结油砂体分布模式。

（4）单砂体级别的三维地质模型研究。

以单砂层为单位，对港中油田重点开发区块开展单砂体级别的三维地质模型研究。结合地层、构造、沉积微相研究，建立确定性的油藏地层构造模型及沉积微相展布模型；在沉积微相约束基础上，采用相控随机模拟方法建立单砂体级别的储层参数三维地质模型；最后运用三维地质模型计算原始地质储量。

（5）典型单砂体内部构型解剖研究。

选择重点开发区块、重点富油砂体层位，以测井资料为基础，结合生产动态数据，对典型油砂体和主要开发井组做出精细的储层构型解剖图件，精细刻画砂体内部构型单元三维空间叠置关系，定量分析层内夹层分布特征，建立滩坝砂体内部构型模式。

（6）剩余油分布模式研究。

结合动态监测资料、新井解释资料，描述港中油田滩坝砂储层内部剩余油分布。综合研究探讨剩余油成因及影响因素，总结出剩余油分布模式。

1.4.2 技术思路

本书紧紧围绕复杂断块滩坝砂储层构型及控油模式这一核心问题，以油砂体刻画、建立单砂体级别砂体控油模式以及主力砂体内部构型、揭示不同级次构型单元对剩余油的控制作用为主要研究路线（图1.4）。

首先系统地开展单砂体级别地层对比、精细沉积微相研究、构造特征、储层特征等五个方面的研究工作；在砂体展布的基础上，结合储层四性关系，界定出有效砂岩储层（或干层）的标准，绘制有效砂层分布范围，并通过测井解释成果及生产测试成果，勾绘出复杂断层控制下的油气分布；最后结合单砂体储量大小、生产资料建立港中油田油气富集砂体的标准，明晰其平面分布范围，结合控油因素的研究，建立了单砂体级别的控油模式。

以储层构型方法为指导，结合断陷内陆湖盆青海湖现代沉积的考察资料、露头资料、水平井区等密井网资料、生产动态数据，对主力含油砂体和主要开发井组作出精细的储层构型解剖图件，揭示单砂体内砂体构型和几何形态，定量分析层内夹层分布特征。最后，从断层和构型两个角度，探讨了港中油田剩余油分布，总结了高含水期湖盆滩坝砂体层内剩余油分布模式。

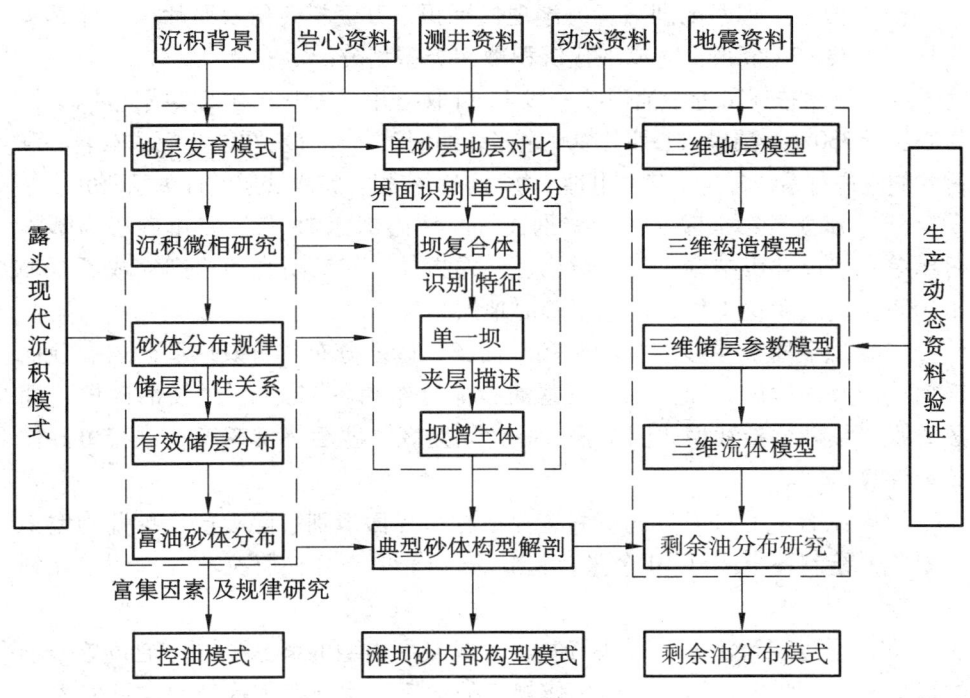

图1.4 研究技术路线图

1.5 本书主要工作量

本书研究过程中，主要完成了以下工作量：
（1）查阅国内外湖泊滩坝砂露头、现代沉积以及地下储层滩坝砂沉积微相、沉积模式、内部夹层、构型研究及复杂断块控油模式、剩余油分布规律等方面的文献报告近500余篇，专著及论文20余部，对其中有代表性的200

篇文献进行了精读，对国内外滩坝砂沉积、构型及控油因素、剩余油分布模式研究现状及发展趋势进行了系统概况与总结。

（2）收集港中油田研究区388口井的单井基础资料、测井曲线、新三维地震资料、二次测井解释成果、分层数据、井史、示踪剂资料以及岩矿鉴定、粒度分析、物性分析等化验资料。

（3）搜集整理断陷湖泊青海湖现代沉积考察资料3份及照片、野外露头素描图等共100余张，完成现代沉积微相类型划分。

（4）观察描述了港中油田沙一段14口取心井，其中重点观察描述4口井，岩心长近380 m，拍摄岩心照片400余张，编制单井相分析图件8幅。对岩心和测井响应进行系统标定，建立电性、物性识别模板，完成储层四性关系研究。

（5）建立贯穿全区5条骨架剖面、断块内剖面78条，以单砂层为基本对比单元，以井震结合、旋回对比、模式指导、三维闭合的原则完成了全油田388口地层对比工作，建立了等时地层格架。

（6）绘制重点单砂层沉积微相平面图、砂岩分布、有效储层砂岩、顶面微构造图及油砂体含油面积图、富油砂体分布图各18张，以及油砂体连通图2张、单砂体控油模式图1张；并建立全区单砂层三维模型，进行单砂体储量计算。

（7）结合取心井及动态资料，完成构型界面识别、隔夹层、单井构型识别划分，绘制各类图件10余张；完成56口非取心井夹层及单井构型单元划分工作。

（8）通过现代沉积、露头资料，形成滩坝构型的概念模式。通过单一坝的识别、夹层倾向、倾角及增生体规模的估算，建立滩坝构型的定量模式。

（9）以模式拟合的思路对2个主要断块内部重点单一坝进行解剖，完成单一坝内部构型图件7幅，并用动态资料进行验证。

（10）分析研究了港中油田剩余油分布，总结了剩余油分布模式。

（11）编写文字报告共7章7.8万余字。

1.6 主要成果及认识

（1）根据高分辨率层序地层和现代沉积学理论，运用井震结合、旋回对

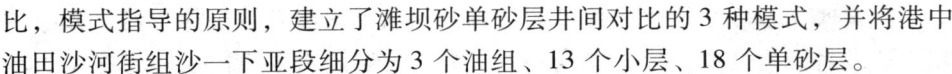

比,模式指导的原则,建立了滩坝砂单砂层井间对比的 3 种模式,并将港中油田沙河街组沙一下亚段细分为 3 个油组、13 个小层、18 个单砂层。

(2) 结合地震及单砂层资料,总结归纳了港中油田 6 种断裂构造样式和 4 种主要的微构造类型。

(3) 结合青海湖现代沉积考察资料,将湖泊相滨浅湖亚相滩坝砂划分为坝主体、坝缘、滩砂、湖湾和浅湖泥 5 种微相类型,完善了湖泊滩坝砂沉积微相类型的划分方案。

(4) 借助古生物、粒度、沉积构造等资料,总结出湖泊滩坝砂沉积微相的 6 种识别标志;通过微相分析建立了港中油田沙一下段滩坝砂沉积模式。

(5) 通过储层四性关系的研究,界定出港中油田有效储层砂体识别标准:岩性以细砂岩为主,含油性标准在油迹以上,大多为油斑和油浸级别;电性主要从 AC 曲线识别,声波时差曲线 AC 值 > 260 μs/m;孔隙度 > 15.6%,渗透率 > 1.5×10^{-3} μm^2。

(6) 提出了富油砂体的概念和标准,并确定出了富油砂体的分布范围。富油砂体是指经生产证实原始油气相对富集的油砂体,一般富油砂体的地质储量大于 1.0×10^5 t,试油(或初期日产)大于 20 t,并且具有原始地层压力高、稳产时间长、单层累积产量高的特点。富油砂体主要分布在南四、南三及北三断块;层位上主要分布在滨 I 1、滨 I 3^1、滨 I 4^1、滨 I 4^2、滨 I 5 五个主力单砂层。

(7) 对富油砂体主要控油因素进行了分析,总结出 5 种重要的单砂体控油模式,形成了一套"单砂体分布—有效储层砂体—油砂体—富油砂体"研究方法。

(8) 运用现代沉积、露头资料取得了单一坝砂内部构型模式的定性认识。单一坝为底平顶凸、近陡远缓(近岸陡,远岸缓)不对称形态;在剖面上呈斜列状排列,沉积层序向湖盆方向倾斜;单一坝内部存在泥质、钙质夹层,一般以低缓倾角向湖盆方向断续延伸。

(9) 系统地界定了港中油田沙一段滩坝砂各级构型界面,总结出 6 种 3 级界面识别方法和单一坝的 6 种垂向组合特征和 4 种平面识别标志。平均长度 1 036 m,平均宽度 421 m,平均厚度 8.7 m,平均长宽比 2.5,平均宽厚比 49.1;其长轴方向为北北东 15°和北西西 295°,并且以北北东方向为主。

(10) 取得了滩坝砂内部 3 级构型界面处可发育泥质、钙质夹层的新认识,首次提出了夹层倾角计算新方法——三维模型层面扫描最大值法,即在三维空间沿 3 级构型界面进行扫描计算真倾角。通过单一坝内部夹层识别,夹层倾向倾角及坝内增生体规模的估算，揭示了夹层发育规律。滩坝砂单一坝主要发育泥岩夹层；靠近岸线一侧，泥岩夹层近水平方向展布；在单一坝的中心及靠近湖方向，泥岩夹层一般低缓倾角向湖盆方向倾斜；在回流带，泥岩夹层不易保存。经计算，夹层的倾角一般较小，在2°~5°，侧向泥岩夹层平均密度1条/70 m，坝内增生体的规模在60~90 m左右。

（11）综合构造、储层等动静态资料，总结出港中油田4种主要剩余油分布类型。从断层和构型两个角度，探讨了高含水期湖泊滩坝砂体内部剩余油分布，总结了2大类18种剩余油分布模式，丰富了复杂断块油田剩余油分布理论。

第 2 章 港中油田滩坝砂油气藏地层构造格架

湖泊滩坝砂的发育位置、储层规模以及流体的分布受沉积时期的地层、构造及沉积相共同控制。研究地层的发育特征、构造特征，建立地层构造格架是开展油藏描述研究的重点工作之一。

2.1 地层层序划分

地层对比是进行构造、储层、沉积相及地质模型研究的基础，地层对比的精度及可靠性直接影响地质模型的精度，对油田的综合地质研究及综合调整方案的编制起到至关重要的作用。

2.1.1 地层特征

港中油田自上到下钻遇的地层为第四系平原组，新近系明化镇组、馆陶组，古近系东营组、沙河街组。沙河街组划分为沙一段、沙二段和沙三段。其中，沙河街组沙一段为滩坝砂发育层段，是研究区重点开发层系（图2.1）。

港中地区沙一段分上、中、下三个亚段；沙一上岩心为灰色泥岩夹少量砂岩，地层厚度100~300 m；沙一中以深灰色泥岩夹薄层油页岩及泥质粉砂岩为主，地层厚度100~200 m；沙一下灰色、深灰色泥岩与浅灰色砂岩不等厚互层，地层厚度100~450 m[120]。

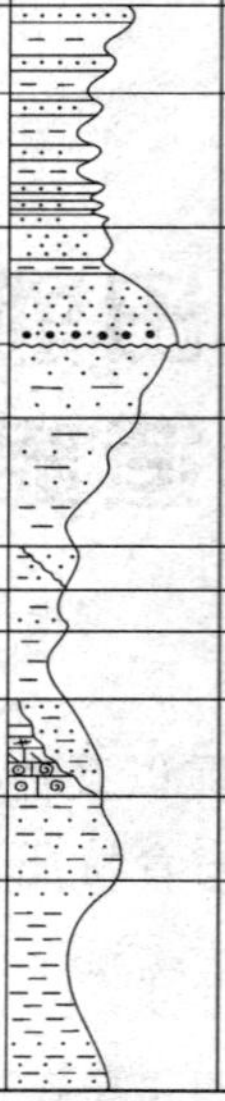

界	系	组	段	剖面	厚度(m)	岩性特征
新生界	新近系	明化镇组	上段		350~500	灰黄泥岩与灰绿色砂岩互层，成岩差
			下段		800~1000	棕红色泥岩夹灰绿色砂岩，成岩好
		馆陶组			350~450	上部灰白色含砾砂岩；中部灰绿色泥岩；下部灰白色块状砂岩，底部为砾岩
	古近系	东营组	一段		0~150	灰色砂岩与灰绿色泥岩互层，遭受强烈剥蚀
			二段		180~270	绿灰色泥岩夹薄层砂岩
			三段		0~200	浅灰色砂岩与灰色泥岩互层，本区大部分地区缺失
		沙河街组	沙一上		100~300	灰色泥岩夹少量砂岩
			沙一中		100~200	深灰色泥岩夹薄层油页岩及泥质粉砂岩
			沙一下		100~450	灰色、深灰色泥岩与浅灰色砂岩不等厚互层
			二段		170~300	深色泥岩与浅灰色砂岩互层
			三段		100~600	深灰色泥岩与灰色砂岩、钙质砂岩，含砾砂岩组成三个旋回，第二与第三个砂层组之间局部不整合接触

图2.1 港中油田地层层序剖面图（据大港油田）

近年来，根据板桥、港中、联盟等地震资料精细解释进行了全区的地层统分研究工作，将沙一中分为板0、板1油组；沙一下分为板2、板3、板4及滨Ⅰ油组；其中板0~板4共5个油组统称为板桥油层组，将滨Ⅰ~滨Ⅳ油组称为滨海油层组[121]。港中油田沙一下段主要发育板3、板4和滨Ⅰ油组。

沙一段沉积物源主要来自北东的板桥地区，受沉积的影响，沙一下段的地层厚度，自北东向南西方向，地层厚度逐渐减薄。沙一下亚段沉积时期，水体整体上呈现出浅水—深水—浅水的旋回变化，湖盆范围广，在垂向地层上形成了滨Ⅰ的滨浅湖滩坝砂—板4的半深湖泥岩—板3滨浅湖滩坝砂的沉积旋回特征。

2.1.2 单砂层地层对比划分

本次储层精细划分对比仍遵循传统的"油组—小层—单砂层"逐级细分的原则，根据其沉积旋回特征、岩性特征、泥岩分布特征等进一步将沙河街组划分为沙一上、沙一中及沙一下三个亚段。沙一上及沙一中以大段深灰色泥岩沉积为主，砂体不发育，为半深湖—深湖相沉积。沙一下亚段为滨浅湖沉积，砂体较发育，依据旋回又可以细分为板3、板4油组和滨Ⅰ油组等。

在单砂层精细对比和划分上，借助地震、测井、录井资料，综合考虑了层序、沉积、曲线特征、构造、断层断点、平面上油气水的关系对单砂层进行了精细对比划分。在本次单砂层划分对比中确定了以下四条原则。

1. 井震结合、油组划分

沙一下亚段细分为板3、板4油组和滨Ⅰ油组三个油组。油组之间具有明显的地震反射特征，因此可以借助地震反射界面，首先对油组级别的地层进行划分。各油组的地震反射特征如下（图2.2）：

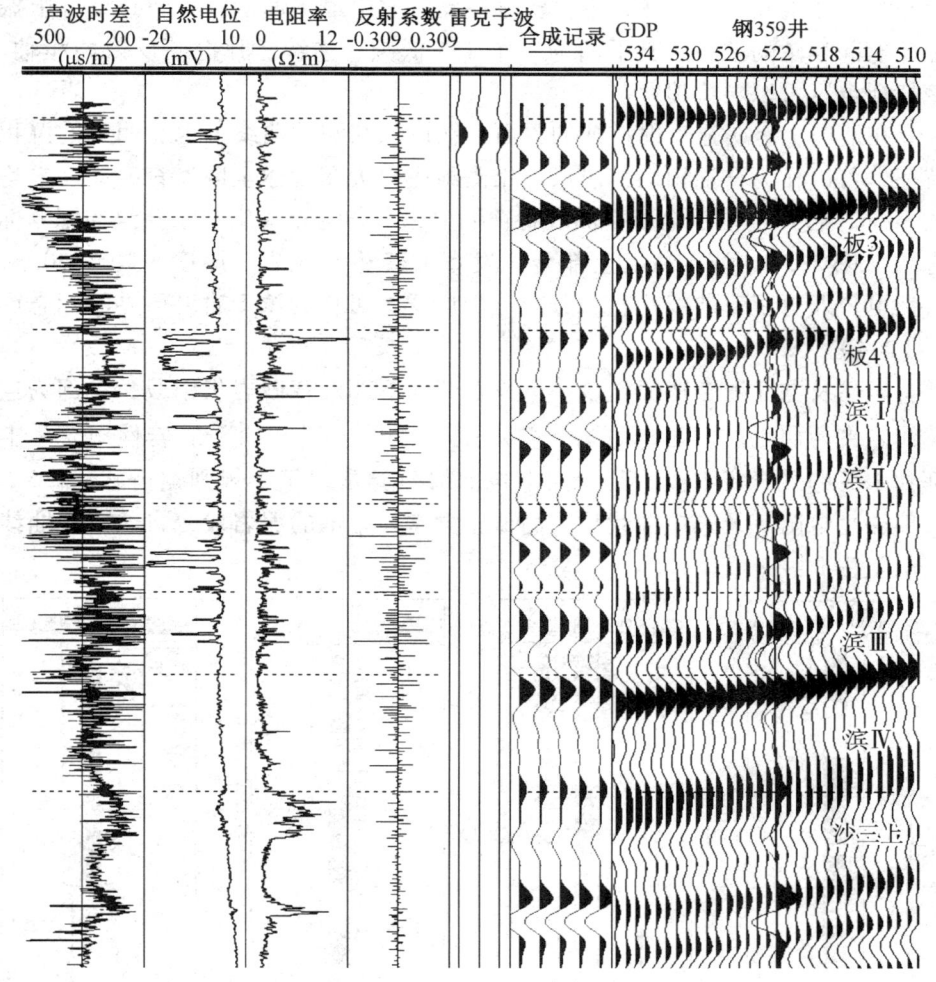

图2.2　港中油田沙河街组油组界面地震反射图（据大港油田）

板3油组顶界：空白反射波组底界，中频、连续、中振幅反射特征，横向上可以追踪。

滨Ⅰ油组顶界：为一组3~4个同相轴较强反射波组，以最下面的一个中—高频、较连续、中振幅反射波峰为特征。全区基本可以对比追踪，反射时间为1 300~1 530 ms。

滨Ⅲ油组顶界：为一组中—弱振幅反射波峰。在滨海断层以北的北三断块、北二断块及北一断块易于追踪，但在断层以南的南三、南二等断块受地震资料品质影响，横向追踪难度较大，需要参考上下层的厚度关系。

滨Ⅳ油组底界：中频、中—弱振幅反射波组最下面的一个较连续、中振幅反射同相轴的波谷，其下面为一个中—低频、连续、强振幅反射同相轴。该特征全区可以对比追踪。

在地震上有明显反射特征的界面，在沉积和测井曲线上也有明显的沉积特征，可以作为全油田的标志层。馆陶组底界大套砂体全区发育，厚度平均约30 m，自然电位及电阻率曲线特征明显，可作为馆陶组和东营组的划分标志层（图2.3）。滨Ⅰ油组上部全区发育大套稳定泥岩，厚度平均约30 m，自然电位及电阻率曲线平直，分布范围广泛，可作为滨Ⅰ油组顶界的标志层（图2.4）。

岩性及电性组合特征：沙一下段上部和下部发育砂岩集中段，中部为连续泥岩夹薄层钙质泥岩、页岩，整体上为"砂-泥-砂"的岩性组合。上部和中部的砂岩集中段，其自然电位曲线负异常，呈不规则锯齿状，2.5 m底部梯度电阻率及感应曲线均为高值正异常。中部的泥岩段，自然电位曲线及电阻率曲线平直。

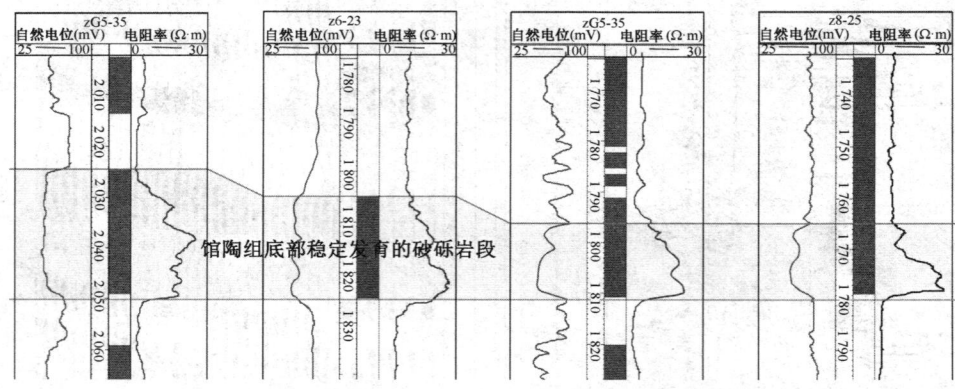

图2.3 港中油田馆陶组底砾岩标志层

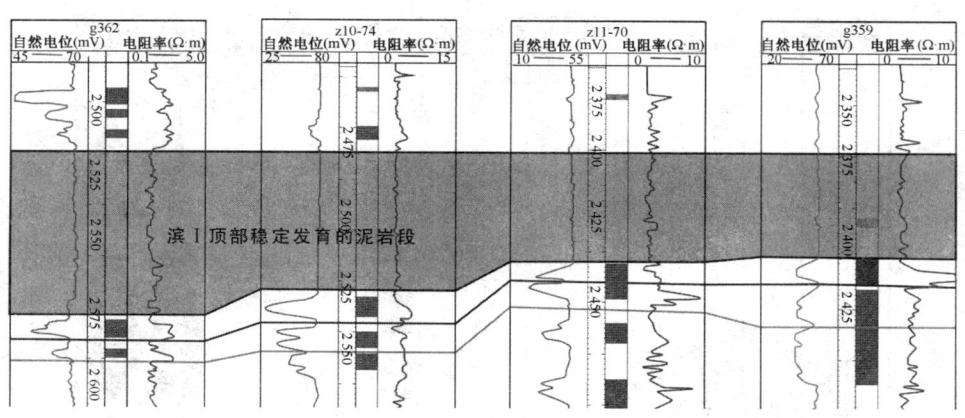

图 2.4　港中油田滨 I 油组顶部大段泥岩标志层

2. 旋回对比、分级控制

滩坝砂沉积受相对湖平面深浅变化及湖浪的共同作用。在湖水平面相对平静期，原来搬运到湖岸边的沉积物，在湖浪的改造下形成滩坝砂体。随着水体的变深，砂质沉积变少，泥质沉积变多，形成厚度较大的灰色、灰绿色、深灰色的泥岩沉积。厚层的泥岩沉积的开始，代表着一期滩坝砂沉积的结束；周而复始，形成滨浅湖亚相滩坝砂的旋回沉积特征。

滨 I 油组可以在油组划分的基础上利用短期旋回，细分小层。沙一下亚段 3 个油组可以依据旋回进一步划分为 13 个小层。滨 I 油组为 1 个三级反旋回，可以依据 6 个四级旋回，共划分为 6 个小层；板 3、4 油组也可以依据 7 个四级旋回，划分为 7 个小层（图 2.5）。

3. 模式指导、精细对比

在精细对比中，将砂体成因、几何形态以及连续性等重要地质特征进行高度概念化，形成一定单砂体概念模式，来用于指导单砂层的对比划分。依据青海湖现代沉积考察资料，可以形成滩坝单砂体的概念模式。在滨浅湖地带，湖盆的地层相对平缓，地层层序向湖盆方向倾斜，倾角较小（图 2.6）；滩坝砂体一般沿岸线分布；滩砂分布范围相对广而薄，坝砂厚度大；砂体向湖一侧坡度缓，背湖一侧坡度陡；在剖面上为底平顶凸或者顶底双凸的形态。总结一下，滩坝单砂体为底平顶凸、近陡远缓（近岸陡，远岸缓）不对称形态（图 2.7）。滩砂分布稳定，坝砂体具有在横向上相变快，在纵向上垂向加积和向湖盆方向前积的特点，因此可依据沉积模式，通过剖面对比建立三种滩坝单砂体对比模式（图 2.8）。

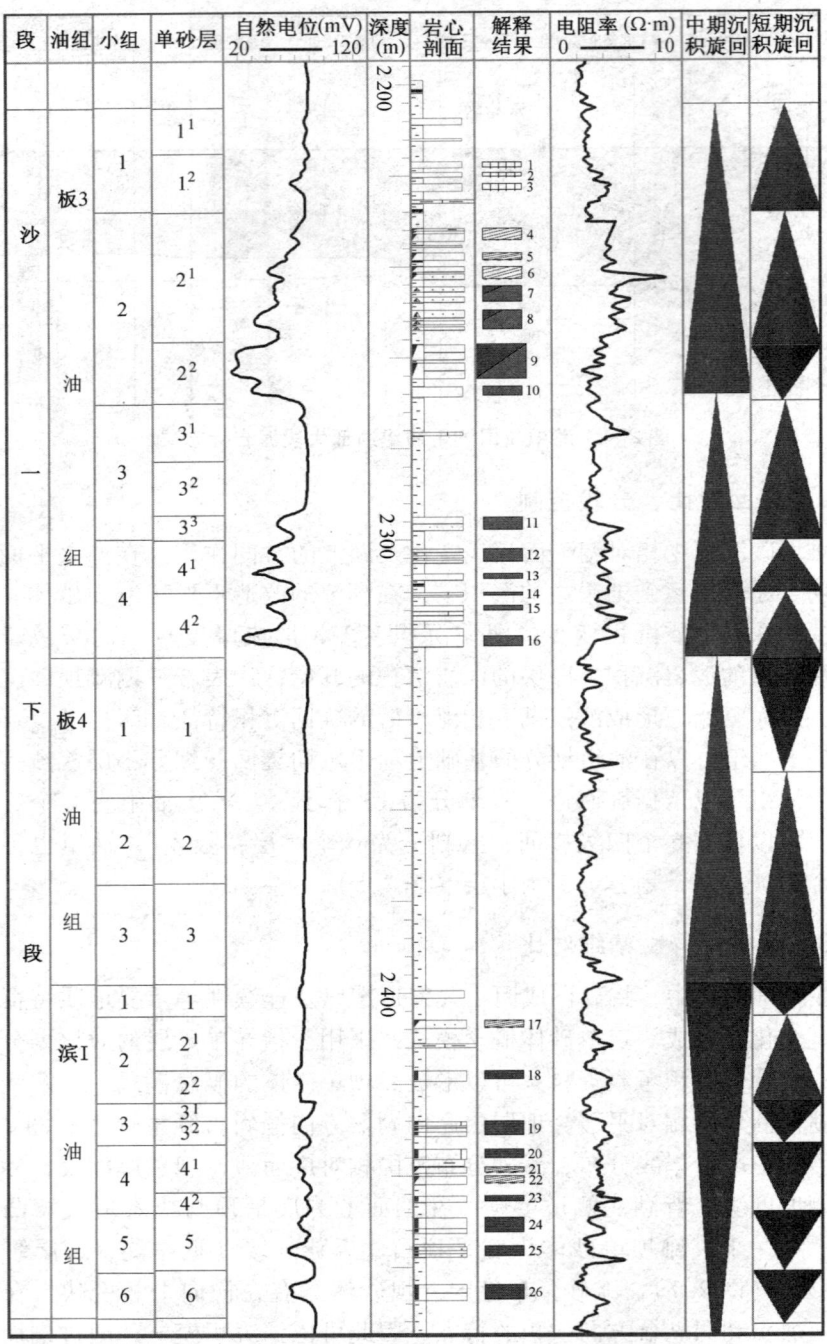

图 2.5 港中油田港 7-59 井沉积旋回划分

第 2 章 港中油田滩坝砂油气藏地层构造格架

图 2.6 青海湖滩坝砂现代沉积照片（据中石油西北分院，2003）

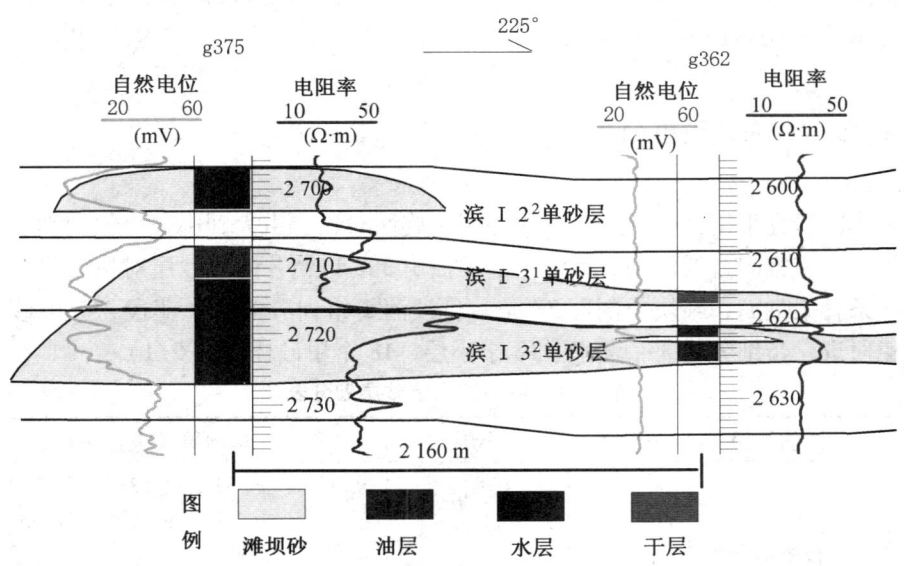

图 2.7 港中油田滩坝砂单砂体概念模式

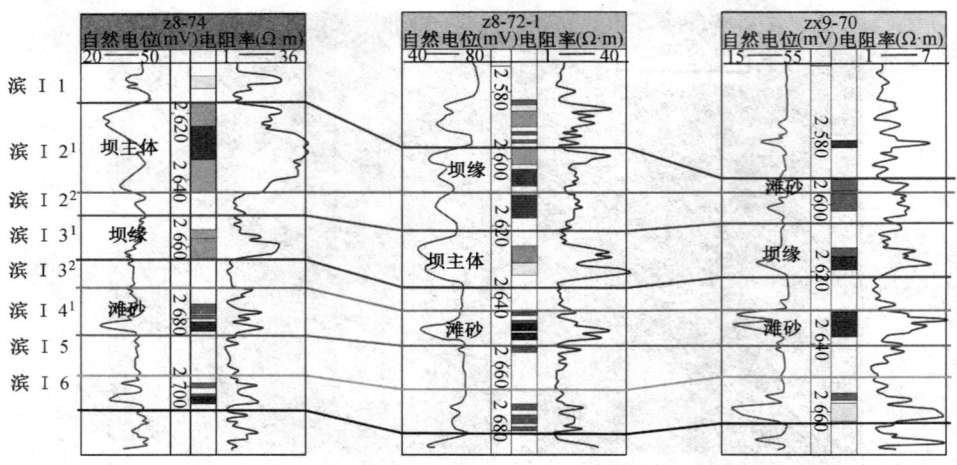

图2.8 滩坝砂单砂层井间3种对比模式

此外，滩坝砂体的顶底面，是一相对等时的沉积界面，同一沉积单元的沉积厚度应大体相当。因此，在单砂层地层对比中，如曲线特征不明显，可适当参考采用等厚对比原则。

2.1.3 单砂层细分结果

本次研究采用井震结合、分级控制、旋回对比、由大到小、由粗到细、模式指导、三维闭合的原则，完成了港中油田388口钻井的单砂层对比工作，建立5条骨架剖面，断块内剖面78条，将沙河街组划分为三个亚段，其中沙一下亚段进一步细分为3个油组、13个小层、18个单砂体（表2.1）。

表2.1 港中油田单砂层划分表

亚段	油层组	复油组	小层	单砂层（个）
沙一下	板桥油层组	板3油组	板31、板32、板33	共9个：板31^1、板31^2、板32^1、板32^2、板33^1、板33^2、板33^3、板34^1、板34^2
		板4油组	板41、板42、板43、板44	未细分
	滨海油层组	滨Ⅰ油组	滨Ⅰ1、滨Ⅰ2、滨Ⅰ3、滨Ⅰ4、滨Ⅰ5、滨Ⅰ6	共9个：滨Ⅰ1、滨Ⅰ2^1、滨Ⅰ2^2、滨Ⅰ3^1、滨Ⅰ3^2、滨Ⅰ4^1、滨Ⅰ4^2、滨Ⅰ5、滨Ⅰ6
合计	2	3	13	18

此外，结合动态资料，对存在油水矛盾的层进行了调整，确保分层与油水关系的合理性。最后在三维模型中，进行 134 口单井上 159 个断点数据落实及三维闭合检查，建立了全区单砂体等时地层对比格架。

2.2 构造特征研究

结合沙一下亚段滨 I 油组顶界精细构造解释，分析了港中油田的断裂特征，并通过断层的空间位置及组合方式，总结了断层的组合样式，明确了各个断块的构造格局特征。

2.2.1 断裂特征

断裂是北大港潜山构造带的主要构造特征。在印支—燕山早期挤压和燕山晚期—喜山期拉张作用下，不同时期、不同类型和不同规模尺度的断裂纵横交错把该构造带分割得支离破碎，位于北大港潜山构造带的港中油田断裂十分发育。断层走向分两组，北东走向和北西方向。北东方向断层平行于港东主断层，北西向断层平行于港 15 井断层。这两组断层相互切割，平面上大致呈菱形棋盘式。

1. 二级断层

按照断层规模及断距的大小，可以将港中油田的断层分为二级、三级及四级断层共三个级次。二级断层包括港 15 井断层、港东断层、滨海断层，其特点是发育时间长、断距大、延伸距离长，在空间上控制着砂体沉积和油气的分布（图 2.9）。

（1）港东断层：位于港中油田南部，为边界大断层，同时也是北大港潜山构造带的主要控制断层。该断层南起联盟，东至港深 67 井附近，长约 33 km，是一条切割整个沉积盖层，断至结晶基底的深大断裂。根据区域研究成果可知，港东断层自沙三期开始活动发育，于明化镇沉积时期结束。主要的活动期为沙三期、沙一期和东营期，沙二期和古近世活动相对较弱。港东断层在研究区内延伸长度约 12 km，倾向为南南东，断距 500 ~ 850 m，东

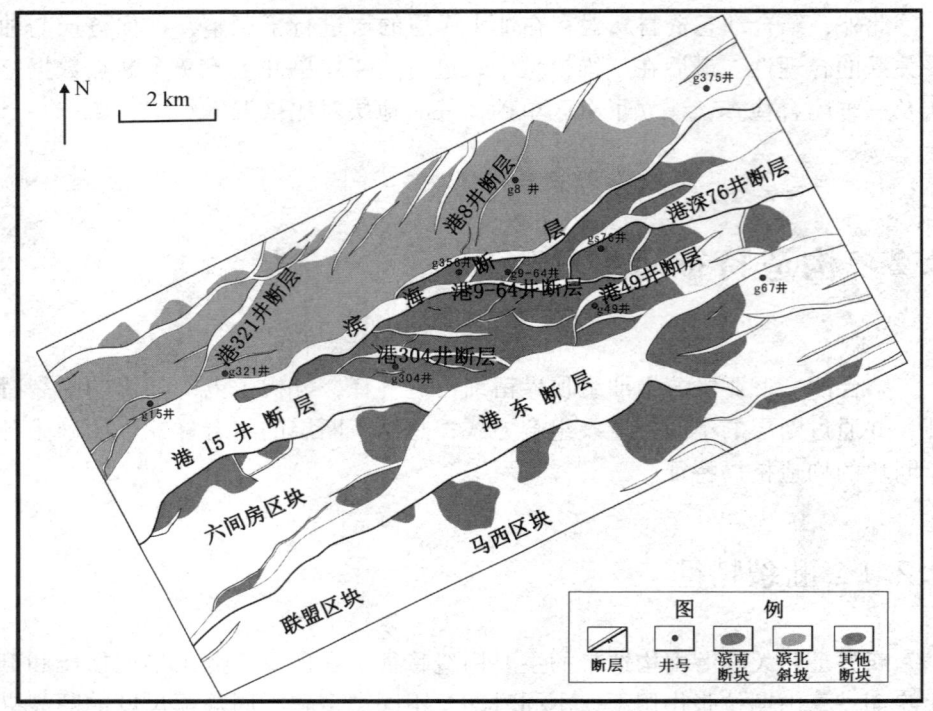

图2.9 港中油田断层分布图（据大港油田，有修改）

部以帚状分支断层消失。港东断层不但控制了港中油田的地层沉积厚度，而且也控制油气藏形成。

（2）港15井断层：位于港中油田的西南部，是研究区西南部边界断层，同时也是分割滨南断块与六间房区块的分界断层。该断层在工区内长约9 km，断层倾向为南南东—南西，断距200~630 m，断层西部与滨海断层合二为一，在东部与港东断层相交。

（3）滨海断层：位于工区的中部，是控制港中油田的关键断层，该层分割滨南断块区与滨北断块。该断层自沙三期发育，结束于东营沉积期，区内长度约16 km。断层倾向为南东，断距70~400 m，继承性发育。在西部与港15井断层合二为一，在中部的港356井附近转向北东东，向东并在港375井附近延伸到工区外。滨海断层控制着断层两侧沉积厚度及油气分布。

2．三级断层

三级断层包括港304井、中9-64井、港49井、港深76井等断层，它们是各断块之间的分界断层，一般活动期较短，断距较小，延伸距离较短，对不同断块的油气分布起控制作用。其中港 49 井断层位于港中的东部，是滨南断块东部断阶区规模较大断层之一，延伸长度约 5 km，倾向为南东，断距 300 m 左右。

3. 四级断层

四级断层是二、三级断层派生的次级断层，断距一般小于 100 m，延伸长度小于 1 km，分布在各断块内，根据滨 I 油组顶面构造统计港中油田共有 71 条四级断层，与二、三级断层一起将港中油田切割成大小不等的 62 个自然断块。四级断层和规模更小的微小断层，影响断块内部的局部构造，使得油气水关系更加复杂。

2.2.2 断裂构造样式

港中油田沙一段广泛发育铲式正断层，并且与其派生的反向断层一起共同形成 6 种组合样式。

1. 逆牵引背斜构造样式

在区域拉张上倾运动中，大型的生长断层断面与下降盘回倾的地层形成的逆牵引背斜，常见于断裂的下降盘。

2. 正向正断层断阶

由一系列近平行的正断层形成，每个断块地层旋转方向与断面倾向一致，下降盘的沉积地层加厚。

3. 反向正断层组合成抬斜断块

夹持在反向正断层之间的断块，抬斜断块的上升盘在剖面上也是后一条断层的下降盘。

4. "X"型断裂组合的垒堑构造样式

主断层为一铲状断层，并将发育较早的断层切割成两段。上段在盖层中，两断层面相对，地层下滑形成地堑；下段两断层面相背，朝相反方向掉向形成地垒。

5. 帚状构造样式

在不均一性区域拉张形成的，在地震剖面上形似扫帚状的构造样式，是指向凹陷主断层和组成帚状派生断层组成的构造样式。

6. 断鼻构造样式

由断层与地层轻度挠曲组合形成的构造样式。依据断层断面倾向与地层产状的关系分为正向断鼻与反向断鼻。断层的断面与地层的倾向相同时则为正向断鼻；断面与地层的倾向相反时为反向断鼻。

2.2.3 断块构造特征

港中油田主体位于北大港潜山构造带东北部，沙河街组整体构造形态为一断层复杂化的大型鼻状构造，构造高点位于西南侧，向北东方向构造依次降低。受滨海断层、港15井断层、港东断层以及其他三级、四级断层分割，形成众多大小不一的断背斜、断鼻、断块构造。整体上由北向南分为滨北、滨南及港293断块三大部分，滨北构造简单，滨南构造复杂，港293断块沙一下段地层断失。

（1）滨北断块：位于滨海断层以北断块。整体构造形态为向北东倾的单斜构造，仅在断层的夹角处形成构造圈闭，构造高点位于西南部，滨北断块被北东和北北东走向的断层切割分为三个面积较大的断块。由西向东分别为北一断块、北二断块和北三断块；与东部的北三断块相比，西部北一断块、北二断块内部的断层相对比较发育，如图1.1所示。

（2）滨南断块：位于滨海断层以南，整体夹持于滨海断层、港15井断层和港东断层之间。受3个二级断裂的影响，断块内部次级断层非常发育，构造十分复杂。在构造上分为西部菱形断块区和东部断阶区两部分。滨南断块内部北东方向和北西方向的断层发育，并将该断块进一步分割为6个较大断块，即：南一断块、南二断块、南三断块、南四断块、南五断块和南六断块，如图1.1所示。南一断块位于港中油田的西南部，受港15井断层影响，发育北西向断层为主，断距较大，延伸较长；此外，还发育北东向的断层，其延伸距离相对较短。中部的南二、南三断块区，北东和北西向断层都比较发育，以北东向断层为主，两组断层相互切割，致使该区构造十分复杂。南四断块基本上平行于滨海断层分布，内部发育1条北东向断层，将南四断块分割成更小规模的 2 个断块。南五断块和南六断块位于港中油田的东部断阶区，构造相对简单，主要是受北东方向港深 76 井断层和港 49 井断层分割的向北东倾的台阶状断块。

2.2.4 微构造特征

微幅构造主要是受边界断层的不均衡运动、断层上下盘差异升降、沉积古地形以及差异压实等作用的影响，使得砂体的顶底几何形态发生了小幅度的构造变化。在复杂断块区，微构造是分析单砂体油气富集控制作用的重要研究内容，同时也是控制剩余油分布的重要因素。

一般情况下，在微构造局部高点、被断层和岩性遮挡的斜面微构造高部位，是有利的剩余油富集区；而在相对较低的负向微构造发育区，剩余油相对不富集。港中油田的构造图，大都是基于老构造解释的以小层或砂组为制图单元，缺乏单砂层微构造的认识。因此，港中油田单砂层的砂体顶面微构造特征需要进一步研究落实[122,123]。

选用新一轮构造精细解释资料和新三维数据体，借助断层构造及油组顶面解释成果，首先对港中油田沙一段板 3 油组、滨Ⅰ油组的断层和层面构造进行了落实，明确了港中油田沙一下段基本的构造趋势。以构造背景研究和单井单砂层分层数据为基础，在地震解释的油组构造层面的约束下，经过井斜校正和钻井补心高度校正，采用 5～10 m 间距进行构造等值线内插法作图，编制了沙一下段滨Ⅰ油组和板 3 油组的 18 个重点含油单砂层的砂体顶面微构造图。通过港中油田微构造特征的分类，总结了四种微构造类型：正向地形、负向地形、斜面地形及微小平台。

（1）正向地形：指砂岩顶面起伏形态与周围地形相比相对较高的地区，主要包括局部高点、鼻状或断鼻构造。局部高点指地形较高，在平面上等值线封闭闭合、相对独立的一种地貌单元，闭合面积一般为 $0.1\sim3.0\ km^2$。断鼻构造是由断层和鼻状构造共同组合而成的正向地貌单元（图 2.10）。

（2）单斜地形：是指局部范围内微构造等值线在某一方向逐渐下降或升高，坡降比较稳定的地带。在滨北的北一、北二及北三断块，为一个稳定的由西南向北东方向倾斜的单斜地形（图 2.11）。

（3）负向地形：指构造位置相对较低的区域，在微构造图多表现为闭合的低洼地形或一定幅度的沟槽地貌单元。

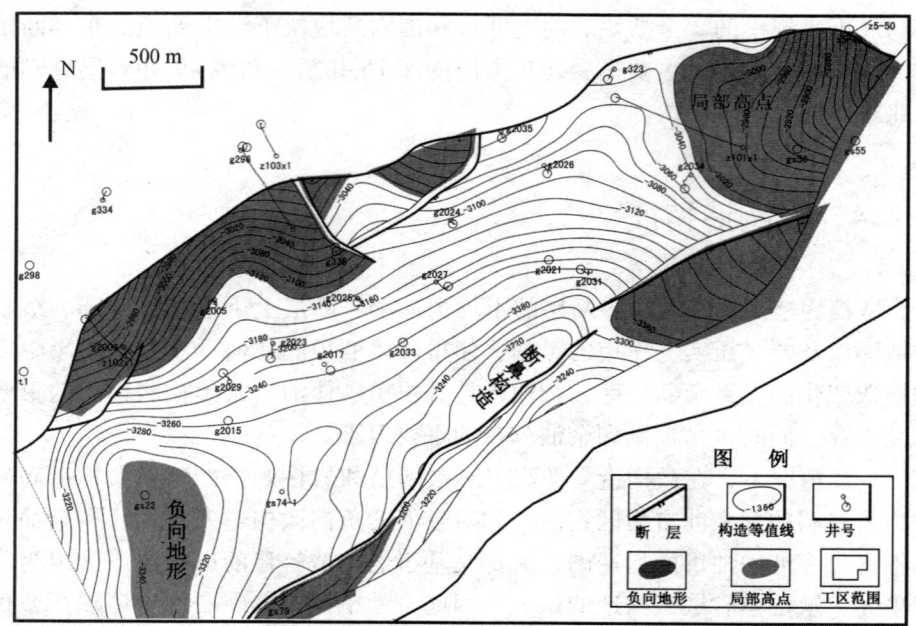

图2.10 港中油田港293断块断鼻、局部高点及负向地形

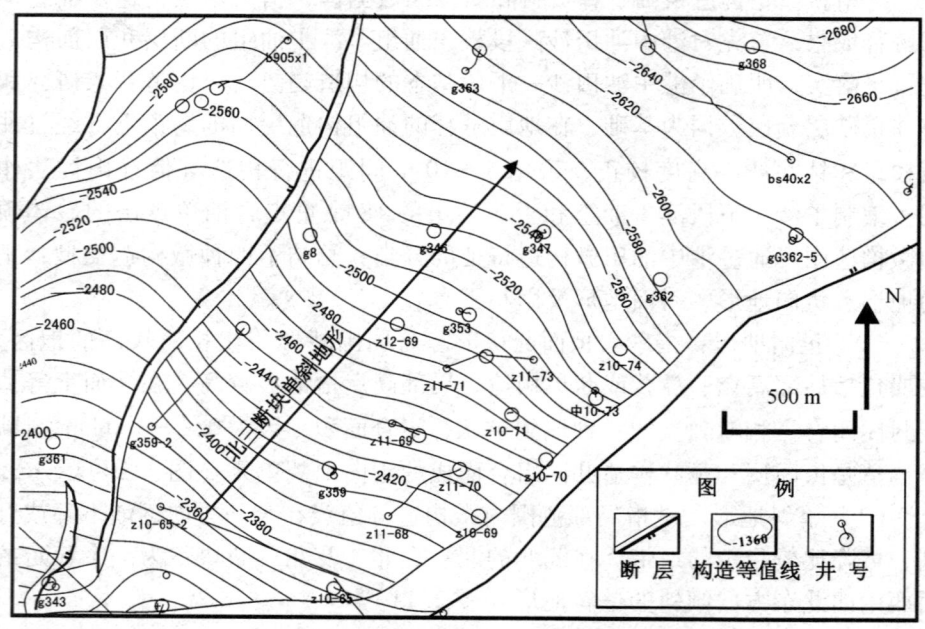

图2.11 港中油田北三断块单斜地形

（4）小平台：在港中油田局部断块内部或断阶带，微构造等值线相对比较平直，等间距分布的平缓地带。

有利的微构造形态与原始油砂体分布、剩余油分布以及油井生产动态之间具有较好的对应关系[124,125]。在港中油田复杂断块油气藏的生产实践中，依据砂体顶面微构造资料进行有利砂体的预测研究取得了较好的应用效果。

第3章 湖泊相滩坝砂精细沉积微相研究

湖泊相滩坝砂缺乏一个统一微相划分方案，影响着精细沉积微相的研究。本章从沉积背景入手，选择与港中油田具有沉积演化相似区—断陷湖盆青海湖，进行滩坝砂现代沉积考察，通过古生物组合、粒度资料、沉积构造、岩性组合以及测井曲线等特征的分析建立微相识别标志，从单井相—剖面相—平面相，对港中油田沙一段沉积微相进行了精细研究。

3.1 研究区沉积背景

黄骅坳陷新生代时期经历了坳陷的初始断陷期、扩张深陷期、稳定发展期、衰减和坳陷五个阶段。在沙河街组沙一段沉积期，黄骅坳陷进入稳定发展阶段。在西部发育的凹陷带向东迁移，出现了坡长而缓的湖岸。港中油田位于港8井和红7-1井之间的滨浅湖环境，湖岸、凹陷、古隆起等为沿岸滩坝砂的形成提供了基本的地形条件（图3.1）。

同时，在沙河街组沙一段板3油组和滨Ⅰ油组沉积时期，湖盆范围广、湖水水体较浅，湖浪改造作用强，为滨浅湖滩坝砂的形成提供了水动力条件。北东方向的小站和板桥物源和西南方向的港西凸起为港中地区沙一段供给了丰富的物源。在湖浪和沿岸水流的改造下，形成了沿岸分布的滨浅湖滩坝砂沉积。在整个沙一段沉积时期，垂向上水体呈现出浅水—深水—浅水的变化规律，形成了滨Ⅰ滨浅湖滩坝砂—板4半深湖泥岩—板3滨浅湖滩坝砂的沉积序列。

第 3 章 湖泊相滩坝砂精细沉积微相研究

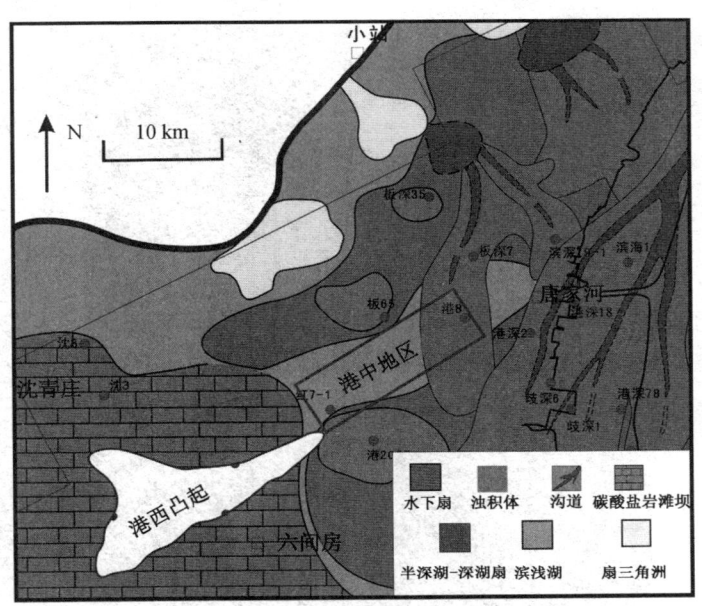

图 3.1 港中地区沙一段古地理沉积背景图（据大港油田，有修改）

3.2 现代滩坝砂沉积类型

以往的工作大多是基于岩心、测井、地震、沉积等地下资料，缺乏现代沉积的考察与调研。现代沉积考察及典型露头分析，是储层沉积学重要的基础工作，同时对于储层精细沉积微相的研究，建立储层沉积模型以及储层构型研究工作很有意义。国内外湖泊现代沉积考察已经有一些进展，如姜在兴（2007）依据现代湖泊滩坝砂的考察照片（图 3.2，图 3.3）等资料将滩坝砂体划分为坝主体、坝边缘、滩席（滩脊间）及滩脊 4 种砂体类型。

我国陆相湖泊发育丰富的滩坝砂沉积，如大理断陷盆地洱海的喜洲砂坝，藏北高原纳木错湖沿岸砾石堤坝等[126,127]。青海湖的滩坝砂现代沉积，因远离城镇、人烟稀少、人为改造较少，是研究现代湖泊滩坝沉积的理想地区。因此本章采用"将今论古"的指导思想，对青海湖滩坝砂现代沉积进行深入研究，对于滩坝砂的精细沉积微相，建立沉积模式有一定的指导意义。

图3.2 现代坝砂沉积照片（据姜在兴，2007）

图3.3 现代滩砂沉积照片（据姜在兴，2007）

青海湖滨浅湖水深一般在 0~15 m，水动力复杂，沉积砂体类型复杂多样。宋春晖等（1999）将滨岸带划分出沿岸砾沙坝、泥坪等 6 种微相类型[128]。在青海湖现代沉积考察基础上，综合以往划分方案，结合实际区沉积特点，本次将滨浅湖亚相可以进一步划分为坝主体、坝缘、滩砂、浅湖泥、湖湾泥共 5 种微相类型。

青海湖现代滩坝砂（图 3.4）形态背湖坡陡，向湖坡缓，高低大小不同。由于湖泊水位不断下降，在滨浅湖斜坡地带发育成行排列的沿岸砂坝。一般发育 3~6 条砂坝，坝高一般在 10~15 m，坝宽 100~500 m，坝的长度从四千米到几十千米不等。沉积层序向湖倾斜，坝的倾角 5°~12°；沉积构造主要发育交错层理、斜层理和平行层理。受击浪带、回流带、缓冲带和破浪带对沉积物冲刷、淘洗的影响，多形成下细上粗的反粒序结构。沉积物为细砾粗砂，分选性好，磨圆度高。粒度概率曲线表明以滚动组分和双跳跃组分为主，悬浮组分含量少，反映了往复性波浪水流作用的特征。在坝砂边缘砂层厚度较薄的部位为坝缘微相，其顶部发育薄层泥质粉砂沉积。

第3章 湖泊相滩坝砂精细沉积微相研究

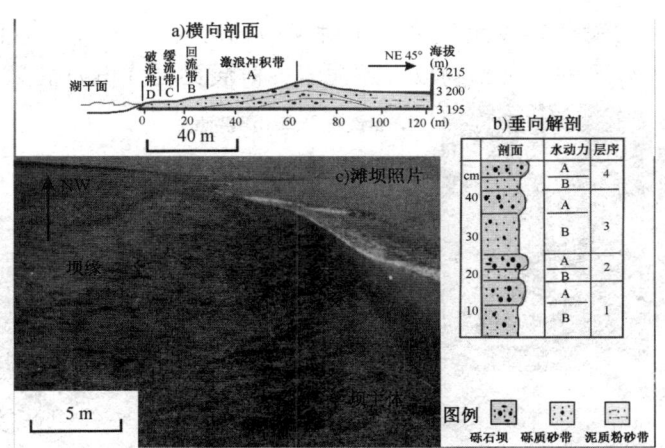

图3.4 青海湖坝砂现代沉积解剖
（据宋春晖等，1999；大港油田，2006，有修改）
a) 哈尔盖砾砂坝横剖面；b) 哈尔盖南滨岸砾砂坝剖面；c) 哈尔盖现代滩坝沉积

滩砂的现代沉积分布范围较广，在青海湖东北缘、东缘等均有分布，其物源由近源的河流、三角洲及扇三角洲供给。由于湖平面升降，在垂向沉积上也显示出一定的韵律变化。通过青海湖沙沱寺东滨岸的剖面调查，发现在平面上滩砂沉积物常与滩脊间的泥质细粒沉积相间排列（图3.5）；从剖面序列上，多为反韵律层；粒度上以跳跃总体为主，斜率大，分选好。

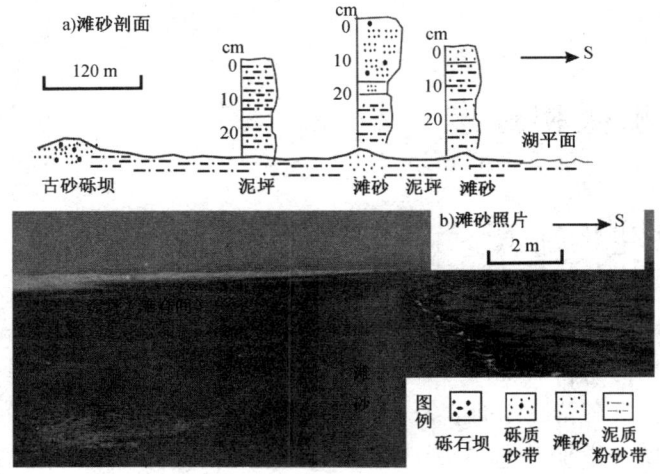

图3.5 青海湖滩砂现代沉积解剖
（据宋春晖等，1999；中石油西北分院，2008，有修改）
a) 沙沱寺东滨岸滩砂剖面；b) 布哈河滩砂沉积；

湖湾微相为湖水较浅而且水体相对封闭的环境（图3.6）。波浪和湖流作用弱，水体较平静，沉积物以细粒泥岩夹薄层页岩沉积为主。

图3.6 青海湖湖湾现代沉积解剖
（据中石油西北分院，2008，有修改）
a）铁布卡湾现代沉积照片；b）湖湾泥垂向剖面

3.3 沉积微相标志

3.3.1 古生物标志

古生物是研究古地理环境、进行沉积相分析的重要标志之一。据港中油田取心井古生物资料的统计分析，沙河街组化石组合为椭圆拱星介组合、惠民小豆介组合及东营介组合，反映的水体环境为淡水环境；孢粉组合反映出为半干旱—暖温带亚热带气候。陈世悦等（2012）利用微量元素、同位素资料以及藻类古生物组合，认为整个歧口凹陷沙一下亚段沉积时并非是一种单纯的淡水陆相环境，而应该有过海水的侵入[129]。此外，在岩心资料可见介形虫、鱼骨、鱼鳞碎片及虫孔等化石资料（图3.7），反映出港中地区沙一段为滨浅湖的沉积环境。

图 3.7　中 9-65 井虫孔遗迹化石

3.3.2　岩石颜色及岩性特征

港中油田沙一段泥岩颜色以浅灰绿色、灰色为主；砂岩灰白色、灰色及浅灰绿色，局部坝缘位置的砂体颜色呈浅灰褐色，其中浅灰绿色是识别滩坝砂典型的标志性颜色。岩石的颜色总体上反映出浅水沉积的特征。厚层砂岩以细砂、中—细砂岩为主，分选好磨圆好，结构成熟度好，在与上下泥岩接触界面附近常见红褐色泥岩团块、条带和泥质纹层（图 3.8）。而薄层滩砂，厚度薄，常与泥质纹层呈互层状沉积。

3.3.3　沉积构造

滨浅湖滩坝砂受湖浪冲浪带以及回岸流的双向冲刷改造作用，在沉积构造上以冲洗交错层理最为典型。此外，常见平行层理、楔状层理、波状层理、透镜状层理。在层面上浪成波痕、剥离线理及干涉波痕等层面构造也常见（图 3.9）。

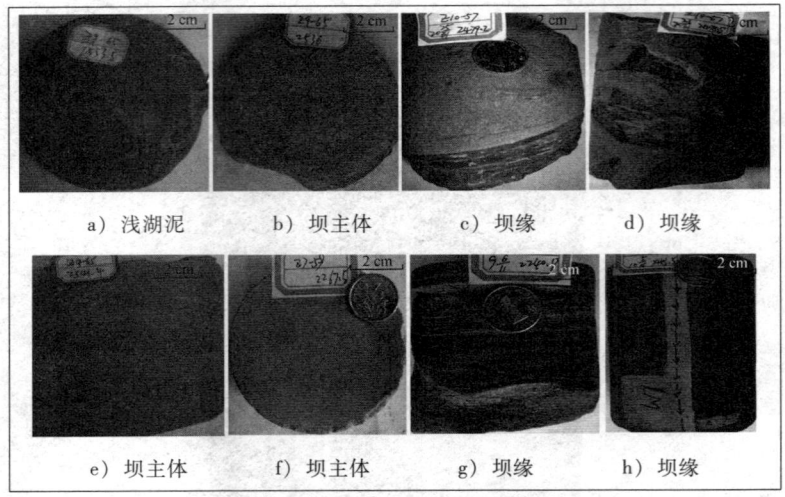

图 3.8　港中油田滩坝砂岩心照片

a) 中 9-65 井，2 553.5 m，滨 I4^2；b) 中 9-65 井，2 536.0 m，滨 I4^2；
c) 中 10-57 井，2 479.2 m，滨 I5^1；d) 中 10-57 井，2 478.5 m，滨 I5^1；
e) 中 9-65 井，2 541.4 m，滨 I4^2；f) 中 7-59 井，2 267.5 m，板 32^2；
g) 中 7-59 井，2 440.8 m，板 32^1；h) 中 7-59 井，2 443.5 m，板 32^1

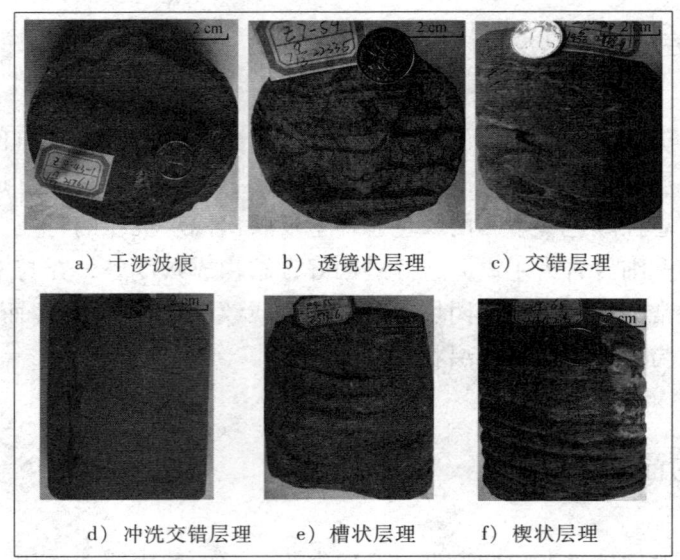

图 3.9　港中油田滩坝砂岩心层理构造照片

a) 中 8-43-1 井，2 176.1 m，板 32^2；b) 中 7-59 井，2 233.5 m，板 32^1；
c) 中 10-57 井，2 469.9 m，滨 I5^1；d) 中 9-65 井，2 530.3 m，滨 I4^2；
e) 中 9-65 井，2 533.6 m，滨 I4^2；f) 中 9-65 井，2 452.6 m，滨 I 1

3.3.4 粒度特征

1. C-M图

选取港中油田沙一段中7-59井、中10-57井、中9-65井三口重点取心井为代表，对滩坝砂进行密集取样（单井的样本点都多于20个），分别对滨Ⅰ油组和板3油组进行粒度分析绘制出C-M图，并与帕塞加标准的图版（Passega，1957，1964）进行对比分析。研究认为：滨Ⅰ油组C-M图是牵引流型（图3.10），由P—Q—R—S段组成，PQ段不发育，只有少数1~2个点，是底流底部沉积；QR、RS段比较发育；QR段为递变悬浮沉积，代表坝主体沉积；RS段为均匀悬浮沉积，代表坝缘沉积。

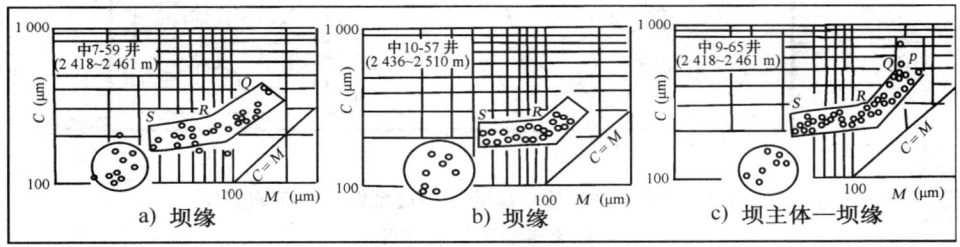

图3.10 港中油田滨Ⅰ油组典型C-M图（据大港油田，有修改）
a) 中7-59井，滨Ⅰ2¹—滨Ⅰ6；b) 中10-57井，滨Ⅰ3¹—滨Ⅰ6；
c) 中9-65井，滨Ⅰ1—滨Ⅰ4²

板3油组C-M图整体上与滨Ⅰ油组相比发育Q—R—S段，缺乏净水沉积（图3.11）。此外，在坝主体部位QR段极为发育，平行于C=M基线，RS段很短，为典型的递变悬浮，说明在坝主体时期水流扰动能力大。坝缘的RS段极为发育，QR段很短，为典型的均匀悬浮搬运，表明水动力条件相对较弱。

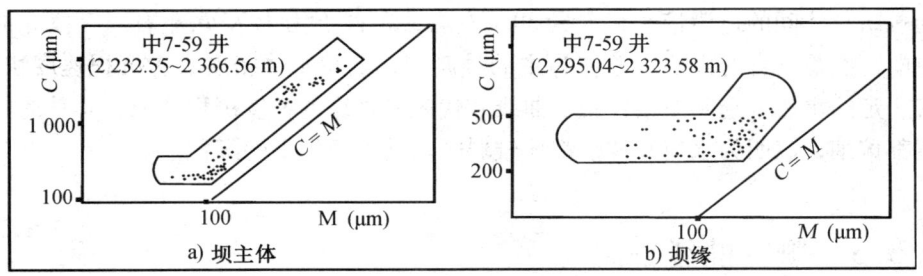

图3.11 港中油田板3油组典型C-M图（据大港油田，有修改）
a) 中7-59井，板32¹-板32²；b) 中7-59井，板34¹-板34²

2. 概率累积曲线图

从三口井的粒度概率累积曲线图分析可知：港中油田沙一下段滩坝砂粒度概率累积曲线分为两类（图3.12）。

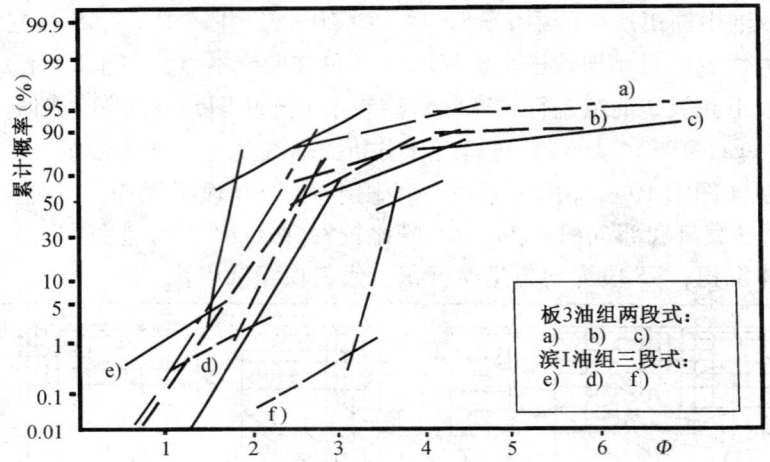

图3.12 港中油田沙一段滩坝砂典型粒度概率累积图
（据大港油田，有修改）

a) 中7-59井，2 257.58 m，板32^2；b) 港351井，2 288.50 m，板33^3；
c) 港351井，2 288.70 m，板33^3；d) 中9-65井，2 534.65 m，滨$I4^2$；
e) 中7-59井，2 445.95 m，滨I5；f) 中7-59井，2 467.60 m，滨I6

第一类概率曲线为两段式，以板3油组的粒度概率累积曲线（曲线a、b、c三条）为代表。跳跃主体发育，60%~80%，悬浮总体含量20%左右，分选差，细截点为3Φ。与滨I油组相比，板3湖水的扰动能力可能比滨I水动力条件强。

第二类概率曲线为三段式，以滨I油组的粒度概率累积曲线（曲线d、e、f三条）为代表。此类曲线悬浮总体含量20%~30%，跳跃总体占50%左右，与跳跃总体间的过渡带，其含量30%左右，粗截点为1.75Φ左右。三段式曲线的特点是发育有以跳跃总体为主的过渡带，反映水体密度大，沉积速度快，有一定的水流分选和波浪作用。曲线d代表着坝缘的粒度沉积特征，其总体粒度都偏细，表明为水流和波浪都比较弱的水动力条件下的沉积。

3.3.5 测井曲线标志

不同沉积环境的沉积物，其岩性、厚度及接触关系等方面存在差异性，在测井曲线上表现出不同的形态特征。借助取心井的刻度,识别建立出港中油田沙一段滩坝砂的测井曲线识别标志(图3.13)。

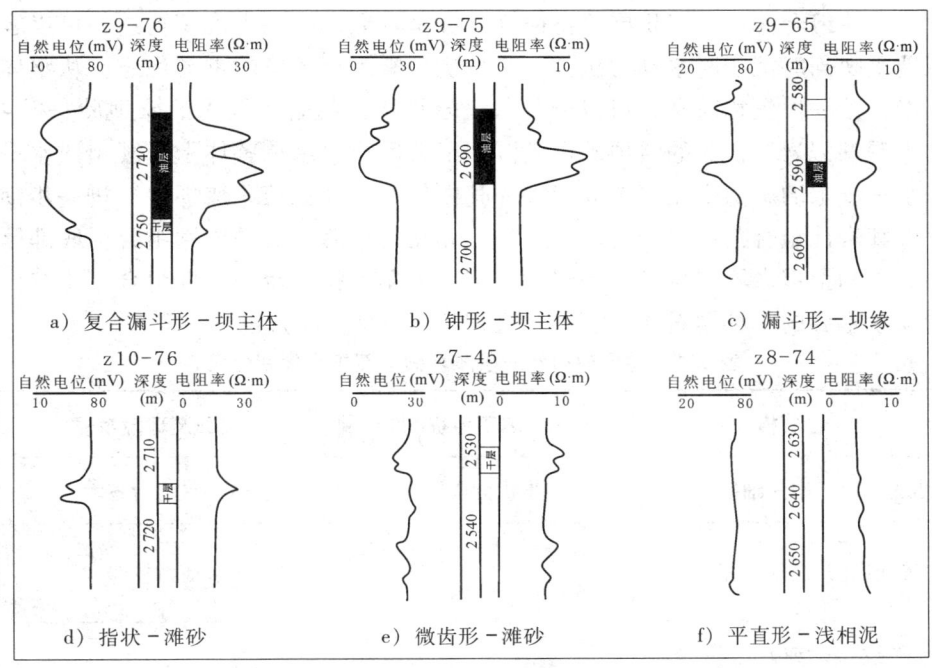

图3.13 港中油田沙一段滩坝砂测井识别标志

(1)漏斗形、复合漏斗形(图3.13a,图3.13c):曲线自然电位幅度值下小上大,沉积韵律为反韵律,渗透率等物性参数也具有相似的特征。一般为坝主体砂体的曲线类型。

(2)钟形(图3.13b):自然电位曲线极大值在底部,向上逐渐变小,渗透性自下而上由大变小,沉积颗粒的粒径由粗变细,反映了沉积物的正韵律特征。

(3)指形、微齿形(图3.13d,图3.13e):一般表现为自然电位低值背景上的异常相对高值,反映平静低能环境下的薄层砂质沉积。此外,该区在自然电位低值背景上还出现一些呈锯齿状、幅度小的自然电位曲线,反映砂泥薄互层沉积。

(4)平直形(图3.13f):自然电位曲线为平缓低值背景,反映出稳定的泥岩沉积环境。

3.3.6 岩性组合及岩石相类型

岩性组合变化、沉积层序特征以及沉积时形成的原生沉积构造，可以客观地反映当时沉积时水动力条件，是分析判断沉积环境的重要标志。从整体上看，沙一段沉积时期，可以分为三个岩性大段组合：滨Ⅰ的滩坝砂—板4的半深湖泥岩—板3的滩坝砂，其沉积组合反映出水体整体上呈现出浅水—深水—浅水的旋回变化。选取代表井其中的一段（如滨Ⅰ滩坝砂）进一步细分，其岩性组合上可以分为两类：砂岩和泥岩呈薄互层的岩性组合；底部厚层泥岩和上部大段厚层砂层的岩性组合。依据沉积构造和岩性组合，总结出滩坝砂主要的 4 种岩石相类型及其沉积特征（表3.1）。

表 3.1 港中油田沙一段滩坝砂岩石相类型划分表

岩石相	沉积特征	成因及环境解释
冲洗层理，中—细砂岩相	冲洗、波状交错层理	坝主体，水动力较大
交错层理，细砂岩相	交错层理、平行层理、块状层理、波状层理	坝缘，水动力较弱
水平纹层，细砂与粉砂质泥岩薄互层	水平层理	滩砂，水动力弱
浅灰绿色，泥岩相	灰绿色粉砂质泥岩及灰色泥岩	浅湖泥相，净水环境

3.4 微相类型与沉积微相分析

沉积相带是控制砂体储层分布的首要因素，因此明确微相类型以及各种微相的分布规律，能够更有效的指导储层研究。根据岩心观察、粒度、测井曲线、沉积构造等微相的识别标志，划分沉积微相类型，结合现代沉积建立研究区的沉积微相模式，并按照"单井相—剖面相—平面相"的顺序，对港中油田沙一下段的沉积微相进行研究。

3.4.1 微相类型及相模式研究

实际井资料表明，滩坝砂内外缘的区别特征在本区不是很明显，然而滩砂和坝砂的差异却很显著，因此首先把滩砂和坝砂明确划分开。按照上述6种微相识别标志，参考前人对滨浅湖滩坝砂的分类方案以及现代沉积考察结果，将港中油田沙一段湖泊相进行了微相类型的划分，认为研究区共发育2类亚相和6种微相类型：坝主体、坝缘、滩砂、浅湖泥、湖湾及深湖—半深湖的湖盆泥（表3.2）。

表3.2 港中油田湖泊相滩坝砂沉积微相类型划分表

沉积相	沉积亚相	沉积微相
湖泊相	滨浅湖	坝主体、坝缘、滩砂、浅湖泥、湖湾
	深湖－半深湖	湖盆泥

坝主体岩性以细砂岩为主，交错层理发育，砂层厚度较大，一般大于6 m，自然电位曲线特征为高幅微齿复合漏斗形。坝缘位于坝主体两侧，岩性与砂坝主体相同，只是泥质含量较坝主体重，砂层厚度一般3~6 m，自然电位曲线多为钟形。滩砂以细砂岩夹粉砂岩、泥质粉砂岩为主，砂层较薄，一般1~3 m，沉积构造为波状交错层理和平行层理，自然电位曲线幅度低，平面上一侧与砂坝侧翼相接，另一侧与浅湖泥相接。湖湾为一相对封闭的环境，多分布坝砂与坝砂或者坝砂与湖岸线之间的半封闭区域，以暗色泥岩、页岩沉积为特征。浅湖泥为滨浅湖环境的泥质沉积，其颜色相对较浅，以浅灰绿色为典型。沙一下段的板4油组主要为深湖—半深湖的湖盆泥微相，砂体不发育，不是研究的重点。

港中地区沙一段湖盆范围最大，沿岸水体较浅，形成滨浅湖环境。北东方向的小站、板桥物源和西南方向港西凸起的物源，在湖浪的改造作用下，形成滩坝砂体。在每一期坝砂沉积初期和末期，原来滨浅湖沉积的未完全固结的泥岩被湖浪重新搅动改造，形成泥砾、泥质条带与坝砂一起沉积下来；在湖平面平静期，多期坝砂的以垂向加积作用为主，形成坝砂厚度最大的部位，即形成了坝主体；在短暂的湖平面下降期，坝砂的沉积方式多以侧向加积的方式为主，多期的坝砂斜列沉积（图3.14）；在湖平面的短期变深期，在坝缘等相对较低部位，水动力条件较弱的环境形成细粒泥质沉积，形成多期坝之间的泥岩沉积。此外，港中油田滩坝砂坝主体的顶部常见紫红色泥岩条带，其成因可能与湖水对滨岸地带扇三角洲或冲积扇扇端的紫红色泥岩改造有关；紫红色泥岩条带的出现，也表明这一期滩坝沉积的结束。

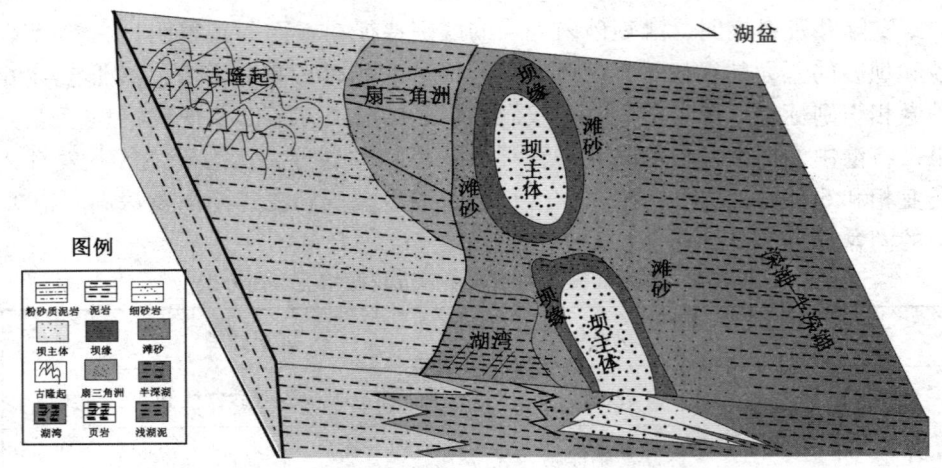

图3.14　港中油田沙一段滩坝砂沉积模式

3.4.2　单井相分析

综合现代沉积、岩心、测井等资料，编制了中9-65井、中7-59井、中10-57井等8口井单井相图，在平面上覆盖了全区；其中以中9-65井的滨I4^2单砂层和中7-59井板32^2单砂层最为典型，可以作为单井相研究的标准井。

1. 中9-65井单井相分析

中9-65井为港中油田沙一下段重点取心井，钻遇滨I油组的滨I4^2单砂体，厚度高达21.8 m，岩心收获率较高。根据岩心录井图，绘制了单井相图中的岩心剖面，从岩心剖面上看，该单砂层揭示了一个完整滩坝砂的沉积相序（图3.15）。

典型层段单井相特征，从底往上依次为：

滨I4^2单砂层底部为4 m泥岩沉积，自然电位低幅平直状，为浅湖泥沉积。

2 551.6~2 548.5 m，为厚度3.1 m的浅灰色粉砂岩夹泥岩薄层的互层沉积，泥岩薄层厚度0.4 m。自然电位曲线表现为漏斗形，电阻率曲线有一定的幅度差，属于滨浅湖的坝缘微相。

第3章 湖泊相滩坝砂精细沉积微相研究

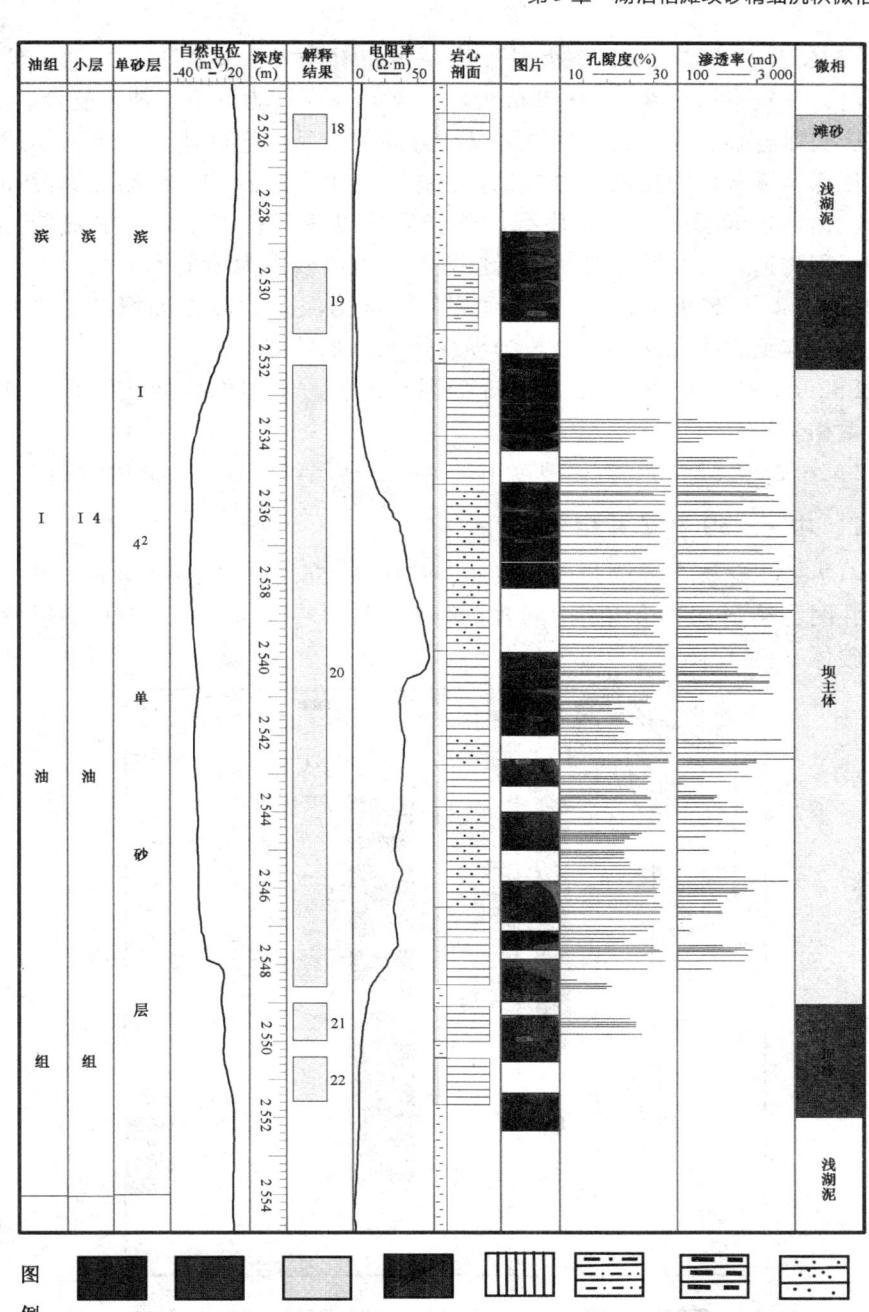

图3.15 港中油田中9-65井滨 I 4^2 单井相分析

2 548.5～2 532.2 m，该大段砂体厚度为 16.3 m。整体上看自然电位曲线高值，比较平直，在 2 541.0 m 处曲线略有返回，为漏斗—钟形复合。

从实际岩心观察，大段砂体可以细分为三个反韵律砂体和一个正韵律砂体，顶部为浅灰色泥质粉砂岩沉积。根据 148 个实际测试分析的孔隙度和渗透率数据，也能反映出沉积序列。砂岩岩性以浅灰色细砂岩、中细砂岩为主；沉积构造发育波状层理、平行层理等；该段砂体为坝主体微相。

2 532.2～2 529.5 m，底部为泥岩，上部为泥质粉砂岩沉积，自然电位曲线略有起伏，为漏斗形。该段为坝缘微相沉积砂体。

2 529.5～2 526.2 m，为 3.3 m 的泥岩沉积，自然电位曲线平直，是浅湖泥微相。

2 526.2～2 525.6 m，为厚度不足 1 m 的薄层细砂岩，为滩砂微相。

2. 中 7-59 井单井相分析

中 7-59 井板 32^2 单砂层，取心井段为 2 256.03～2 269.78 m。根据岩心录井图，绘制了单井相图中的岩心剖面，从岩心剖面上看，该单砂层发育两段砂体（图 3.16）。

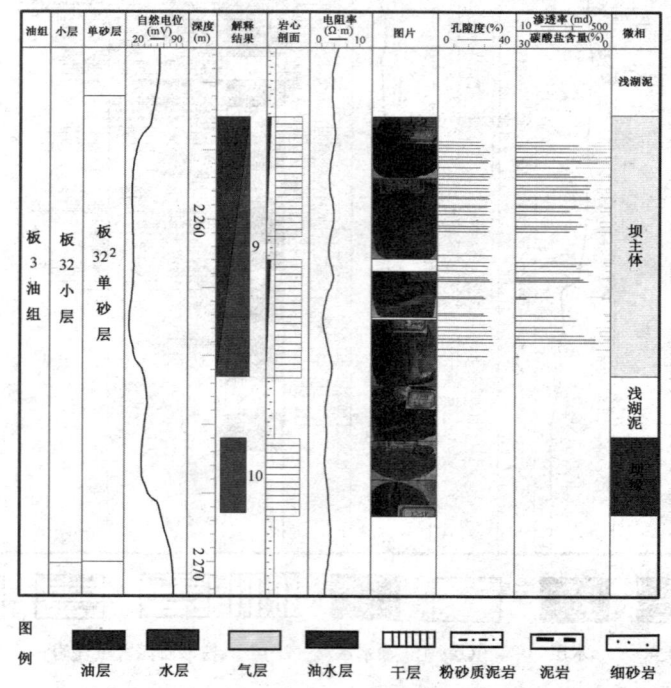

图 3.16　港中油田中 7-59 井板 32^2 单井相分析

2 266.4～2 268.6 m，在沉积韵律上为下细上粗的反韵律沉积，岩性为浅灰色细砂岩，波状层理发育，顶部为浅灰色泥质粉砂岩。自然电位曲线表现为漏斗形，电阻率曲线有一定的幅度差，为坝缘微相。

2 264.6～2 257.0 m，该段砂体中间夹 0.7 m 厚的泥岩薄层，砂体厚度达到 6.9 m。整体上看自然电位曲线高值，比较平直。根据实际测试分析的孔隙度资料，该段砂体的物性比较均匀，在沉积韵律上为均质韵律沉积。从岩心观察，岩性为浅灰色细砂岩，分选好，具有波状层理，为坝主体微相。顶部为浅灰色泥质粉砂岩。

在上下两段砂体中间，发育厚度约 2 m 的浅灰绿色泥岩沉积，为浅湖泥沉积。

3.4.3 剖面相分析

沉积微相剖面分析是在单砂层对比图基础上，根据测井相特征，分析剖面上微相展布及其变化规律。本书制作了全区的顺物源方向的三条剖面和垂直物源的两条剖面。选取港中油田北三断块—南四断块及南三断块滨Ⅰ油组 3 条剖面作为代表性的重点断块的剖面（图 3.17，图 3.18，图 3.19）。

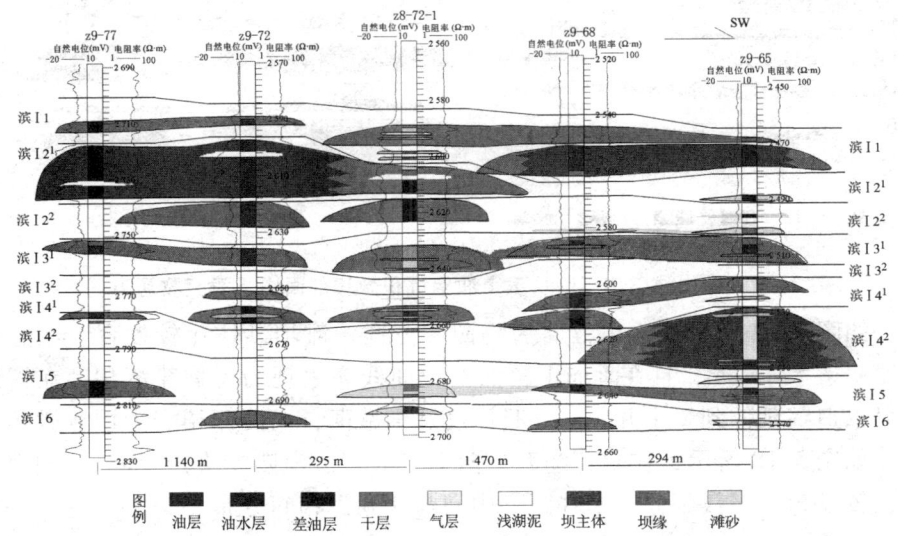

图 3.17　港中油田南四—北三断块滨Ⅰ油组沉积微相剖面图（顺物源方向）

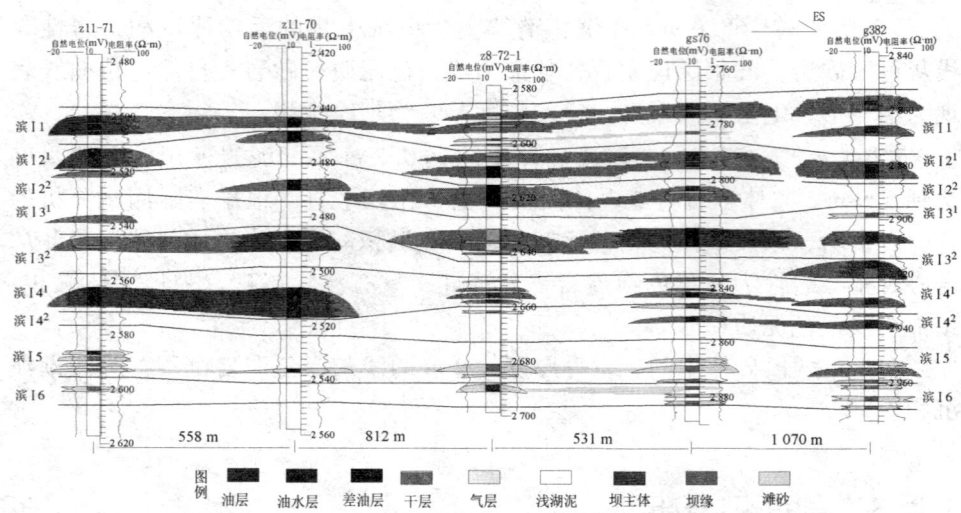

图 3.18　港中油田南四—北三断块滨Ⅰ油组沉积微相剖面图（垂直物源方向）

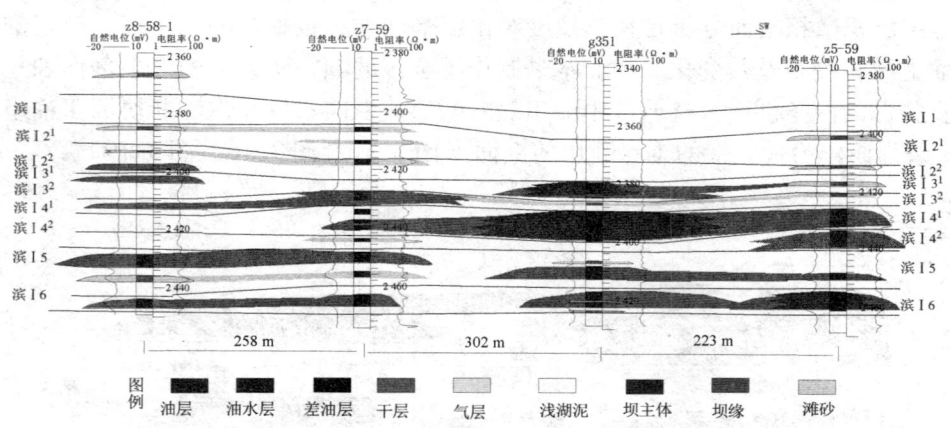

图 3.19　港中油田南三断块滨Ⅰ油组沉积微相剖面图（垂直物源方向）

如图 3.17 所示，北东方向为物源主方向，滩坝砂体比较发育。坝主体厚度一般大于 6 m，且在垂向上自然电位曲线多表现为反韵律沉积，在横向上可以追踪延伸到 2 个井距，并且厚度逐渐减薄，向两侧相变为坝缘微相砂体。如图 3.18 所示，在垂直物源方向上（北三、南四断块），坝缘在剖面上也比较发育，多数延伸一个井距，中间与浅湖泥相间分布。

从垂向上看，滩坝砂体主要发育在滨Ⅰ4—滨Ⅰ1 的上半旋回，而在滨Ⅰ5、滨Ⅰ6 沉积时期坝砂微相不发育，发育多层的薄层滩砂沉积。

同时，在南三断块的沉积微相剖面图上（图 3.19），南三断块的滩坝砂体主要发育在滨Ⅰ4—滨Ⅰ6的下半旋回,而上半旋回滩砂微相较发育。造成这一有趣现象的原因可能与北东和港西双向物源的主要供给时期不同有关。在港中地区滨Ⅰ油组沉积初期,南西方向的港西凸起为主要物源区,扇三角洲或冲积扇携带的砂质入湖,受到湖水的改造形成沿岸滩坝;而北东方向的南四、北三断块因远离主要物源供给区,只能形成薄层的滩砂微相。到了滨Ⅰ油组的中后期,北东方向的物源为主要供给区,在近物源区形成砂体厚度较大的坝砂微相,在西南远离物源区形成滩砂沉积。

3.5 微相平面展布及时空演化

港中油田沙一下段滨Ⅰ、板3油组均为滩坝沉积,坝主体多呈不规则土豆状、宽条带状,是最有利的储集相带;坝缘分布在坝主体周围;滩砂呈席状分布,具有广而薄的特征。受北东方向物源控制,滨Ⅰ时滩坝主要发育在北东部,向西南方向滩坝逐渐不发育。纵向上,由下往上滩坝发育中心逐渐向西北偏移。板3时期,受港西物源的影响,滩坝平面上主要发育于港中油田的西南部,并且在垂向上由下往上滩坝发育规模逐渐增大。因而绘制滨Ⅰ沉积微相图时,主要选择滩坝砂比较发育的北三、南四等北东部断块作图;在绘制板3油组时,主要选择南一、南三等西南部断块作图。同时,在编制微相平面图时,参考砂体厚度中心、曲线组合形态和坝砂的规模大小情况,作出单一微相的平面图件。

3.5.1 滨Ⅰ油组

结合单井相、剖面相、测井相以及砂地比等值线图,同时参考滨Ⅰ油组的地震振幅属性的特征,绘制了滨Ⅰ油组9个单砂层的沉积微相剖面图(图3.20~图3.28)。从微相平面图上看,主要发育坝主体、坝缘、滩砂及湖湾泥微相,在砂岩尖灭线外,未充填颜色的区域为湖湾泥及浅湖泥微相。滨Ⅰ时期物源来自北东向的板桥—小站地区,滩坝砂体主要发育在港中油田的北东部,如北三、南四、南三、南五、南六等几个断块,而在研究区的西南部相对不发育。

滨Ⅰ6单砂层沉积时期,主要在中10-58井区、中7-55井区、港362

井区发育零星分布的坝主体；在周缘发育为坝缘微相和半封闭湖湾泥微相；滩砂的分布范围较广，但沉积厚度不大。该时期，滩坝砂的形态已经初具规模（图3.20）。

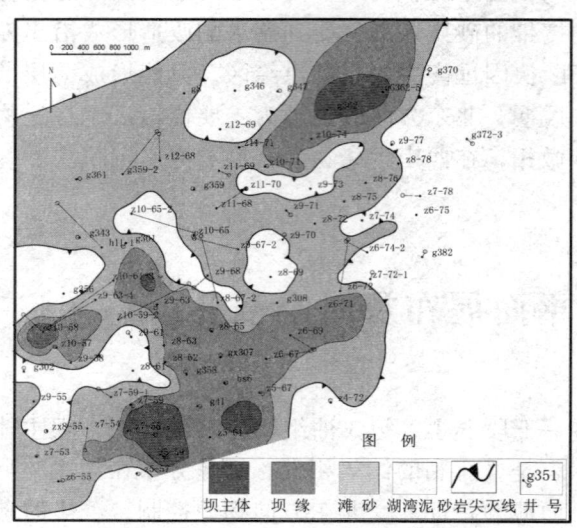

图3.20　港中油田滨Ⅰ6沉积微相平面图

滨Ⅰ5单砂层滩坝砂达到第一个砂体发育期。从平面上看，坝主体微相和坝缘微相非常发育；坝主体中心砂体厚，坝缘分布范围广，连片性较好；坝与坝之间，由薄层滩砂条带或面积较小的湖湾所分割（图3.21）。

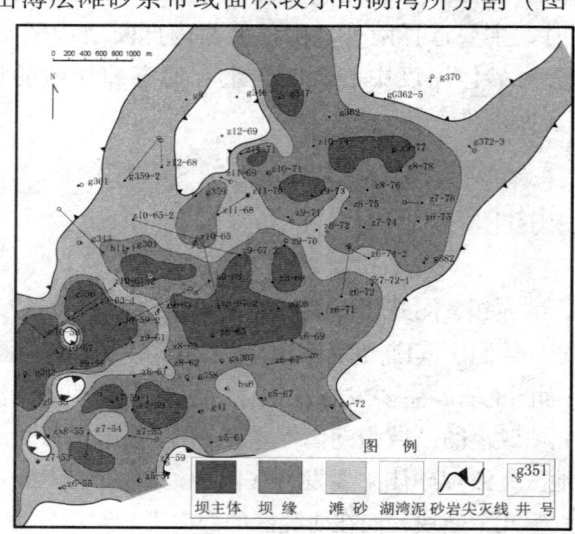

图3.21　港中油田滨Ⅰ5沉积微相平面图

滨 $I4^2$ 单砂层，南四断块中部的湖湾面积扩大，滩坝砂体被湖湾分割成大小不等的滩坝砂体，主要分布在南四和北三两个断块（图3.22）。

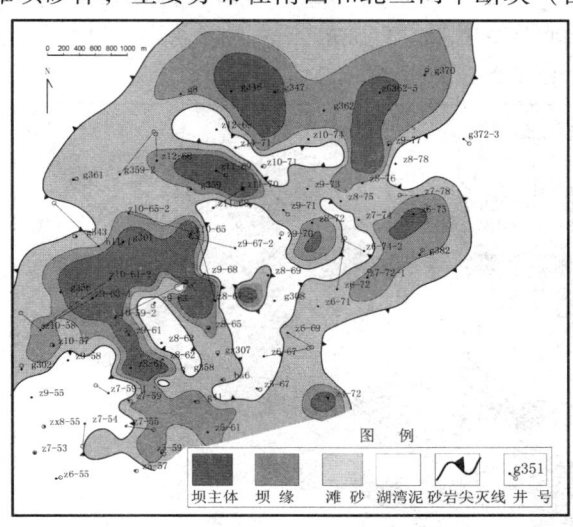

图3.22　港中油田滨 $I4^2$ 沉积微相平面图

滨 $I4^1$ 单砂层，南四断块中部的湖湾面积向北东方向迁移萎缩，滩坝砂体相对比较发育，达到第二个砂体发育期。坝主体微相和坝缘微相非常发育；坝主体中心砂体厚，坝主体和坝缘分布面积和范围都较大，而湖湾不发育（图3.23）。

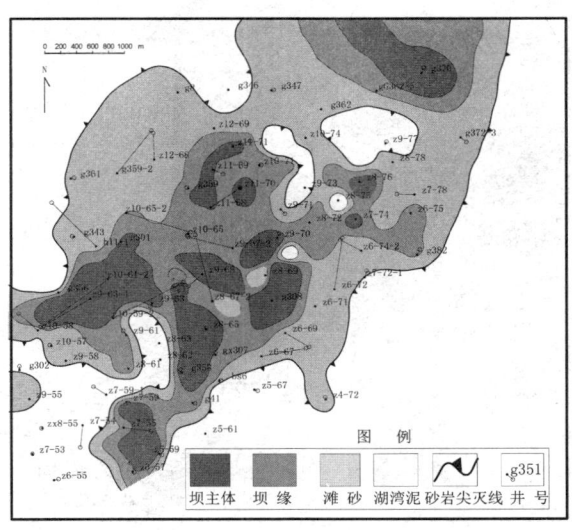

图3.23　港中油田滨 $I4^1$ 沉积微相平面图

从滨Ⅰ3^2单砂层和滨Ⅰ3^1单砂层的沉积微相图中对比分析可知，二者滩坝砂的分布具有一定的相似性。由于南四中部湖湾的分割，在滨Ⅰ3^2单砂层沉积时期，滩坝砂主要发育在北三、南四及南六断块，即分布在湖湾的北西、南西和南东三个方向（图3.24）。

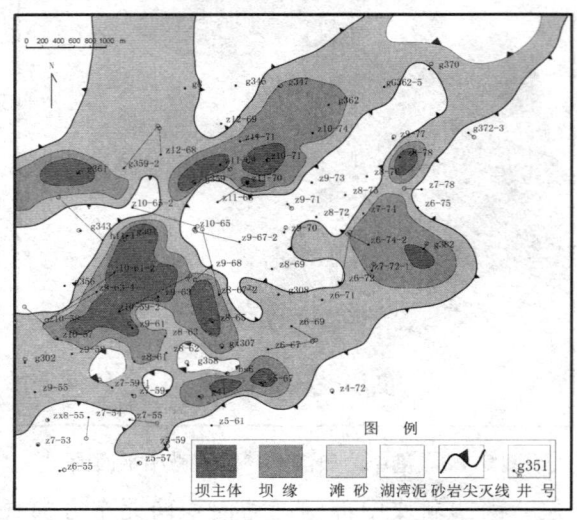

图3.24　港中油田滨Ⅰ3^2沉积微相平面图

到滨Ⅰ3^1时期，湖湾面积相对变小，同时原来统一的湖湾变成北东和西南两大块。但是滩坝砂分布的位置没有发生大的变化（图3.25）。

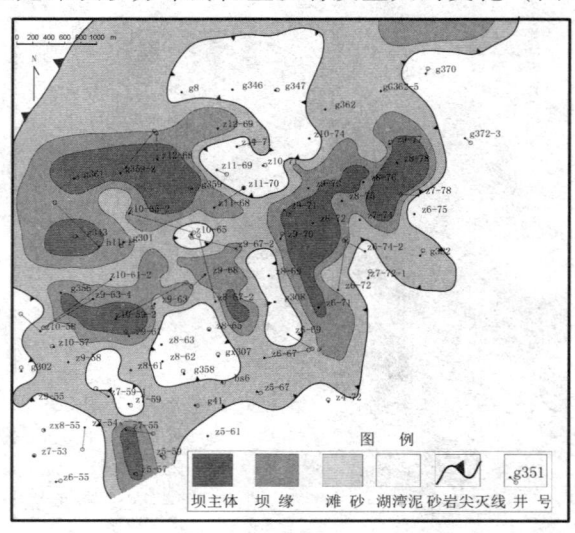

图3.25　港中油田滨Ⅰ3^1沉积微相平面图

滨 $I2^2$ 单砂层滩坝砂体在北三断块发育,并且坝和坝之间组成了坝主体—坝缘—滩砂—湖湾泥一个完整的沉积相序。该时期南西方向的湖湾面积有所扩大,北东方向的湖湾相对面积小(图3.26)。

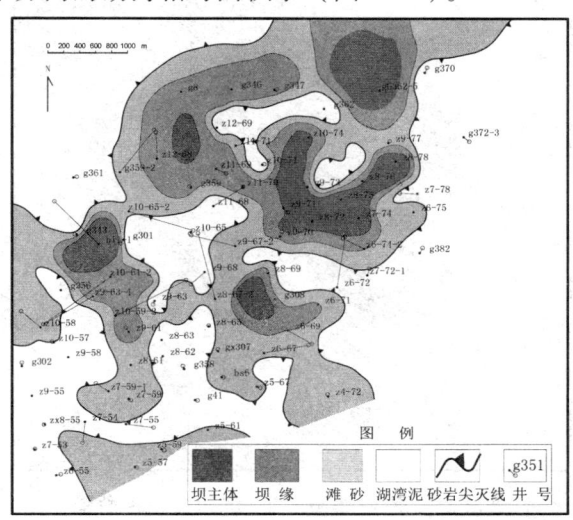

图3.26 港中油田滨 $I2^2$ 沉积微相平面图

到滨 $I2^1$ 时期,南西方向的湖湾进一步发育,而北东方向的湖湾则消失殆尽。坝砂在北三、南五、南六断块连成一片,整体上呈北东—南西方向展布。向南西方向延伸的砂体,在平面上形成砂嘴形态(图3.27)。

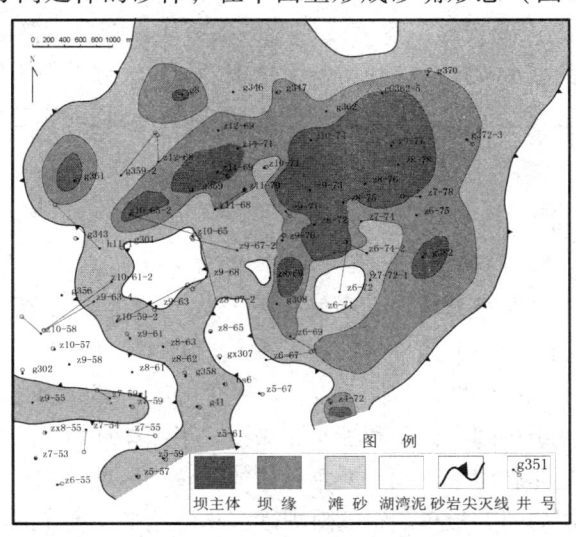

图3.27 港中油田滨 $I2^1$ 沉积微相平面图

滨 I 1 时期，在港中的中部和北东部砂体发育，坝主体主要发育在北三、南四及南六断块，坝之间发育薄层滩砂和湖湾泥（图3.28）。

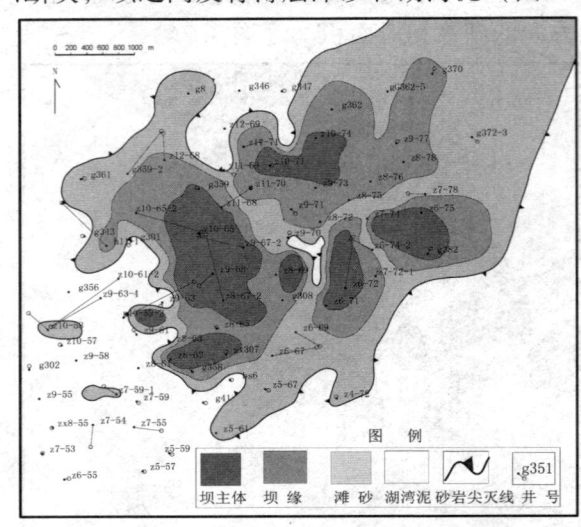

图3.28　港中油田滨 I 1沉积微相平面图

根据滨 I 油组9个单砂层沉积相图，整体上分析，砂体主要分布在港中油田的北东部，砂体展布方向为北东或北东东向，向工区西部砂体不发育。滨 I 6—滨 I 5，水动力逐渐加强，发育规模大，平行于岸线的坝主体，砂体厚度大，最厚达26.9 m，滩坝砂体的平面分布初步形成。滨 I 4^2—滨 I 1坝砂的发育与南四中部的湖湾的迁移、萎缩或扩大关系密切。随着湖湾的变化，坝主体的大小以及数量的多少也随之变化，但无论坝砂如何迁移，其主体发育的位置和方向没有太多的变化。但是与滨I6最初期相比，砂体有向北东迁移的沉积特征。

3.5.2　板3油组

板3油组共有9个单砂层，其中仅有板33^3、板32^2以及板32^1三个单砂层砂体相对发育（图3.29～图3.31）；在板34^2、板34^1、板32^2、板32^1、板31^2、板31^1六个单砂层沉积时期，砂体不发育，零星分布。其原因在于板3油组位于板2油组和板4油组中间，板2和板4为深湖—半深湖环境，板3油组沉积的初期和末期，水体还是较深，不利于滩坝砂体的发育。因此，选取板33^3、板32^2、板32^1三个代表层来研究板3油组的滩坝砂沉积微相平面展布和演化。

板3时期物源来自西南方向的港西凸起；滩坝砂体主要分布在港中油田

的西南部的南一、南二、南三断块，靠近港 15 井断层和港东断层附近；坝砂砂体的长轴方向为北西—南东方向，与滨Ⅰ油组坝砂的北东方向不同。

其中，板 33^3 砂坝规模小，多为零星分布，坝砂面积小；砂体多集中分布在南一断块；湖湾和浅湖泥非常发育（图 3.29）。

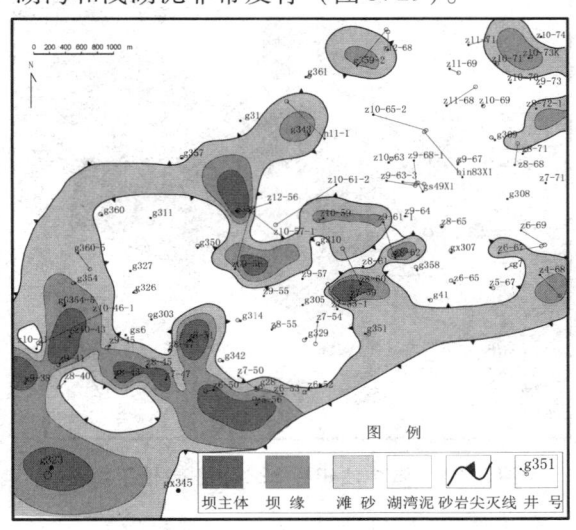

图 3.29　港中油田板 33^3 沉积微相平面图

板 32^2 水动力能量变强，坝砂也相对比较发育；坝和坝之间多有湖湾分布；坝砂集中分布在南二、南三断块上（图 3.30）。

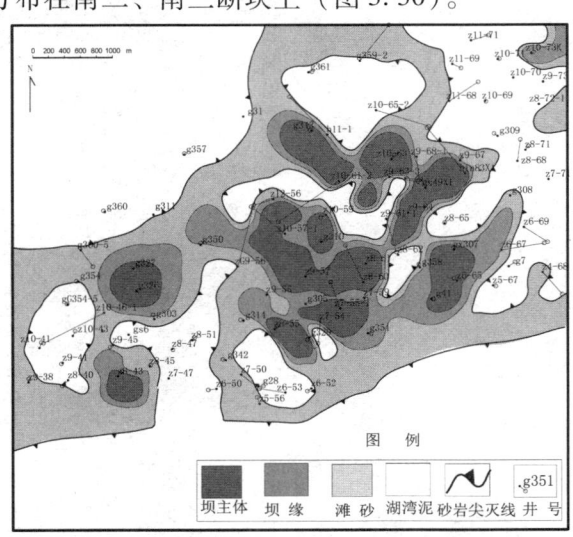

图 3.30　港中油田板 32^2 沉积微相平面图

板32^1水动力条件最强,滩坝砂体发育规模最大;多个坝连在一起,坝砂达最大规模,覆盖了南一、南二、南三断块及南四断块西部(图3.31)。

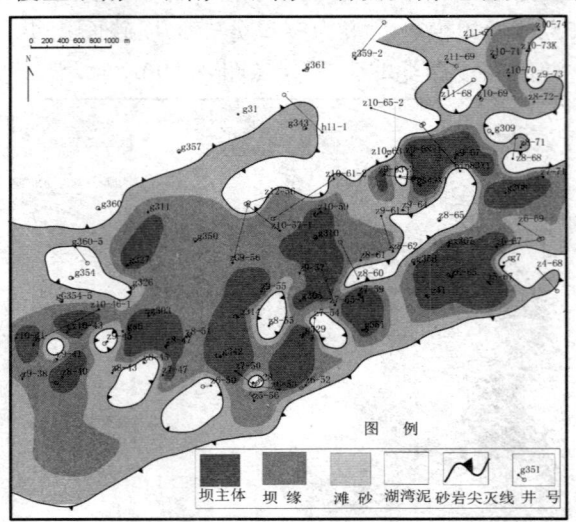

图3.31 港中油田板32^1沉积微相平面图

第4章 储层与非均质性研究

4.1 岩性与物性特征

1. 储层岩性特性

根据对港中油田取心井岩石物性资料分析,储层矿物组成分别为:石英24.7%,长石25.7%,岩屑11.9%,为岩屑长石砂岩。胶结物含量平均为20.18%,其中主要为泥质和碳酸盐胶结,分别占5.8%和6.5%。砂岩胶结类型:滨Ⅲ、滨Ⅳ油组以孔隙—接触式为主,而滨Ⅰ、板3油组则以孔隙式为主,见表4.1。

表4.1 港中油田各小层岩石矿物组成成分统计表

层位	颗粒(%)				胶结物(%)			
	石英	长石	岩屑	总量	泥质	方解石	白云石	总量
板32	21.84	26.25	17.05	85.84	2.34	3.56	7.31	14.16
板33	24.22	27.33	13.92	85.11	5.13	3.00	4.21	14.89
板34	12.00	18.33	9.67	74.00	15.67	1.33	6.00	26.00
滨Ⅰ6	14.67	3.67	6.00	67.00	6.33	15.67	2.00	33.00
滨Ⅱ2	44.33	30.33	14.00	87.00	3.00	2.33	3.00	13.00
滨Ⅱ5	35.00	32.00	12.50	82.31	5.25	6.21	4.00	17.69
滨Ⅲ1	25.59	31.25	17.71	76.88	6.67	4.15	8.00	23.12
滨Ⅲ2	25.13	26.31	15.22	81.64	4.06	2.61	9.00	18.36
滨Ⅲ3	19.50	24.00	1.00	76.50	6.00	13.00	2.34	23.50
滨Ⅲ4	19.07	27.07	9.21	78.79	5.36	11.07	3.21	21.21
滨Ⅲ5	19.77	24.00	8.86	76.68	7.98	10.34	5.21	23.32
滨Ⅳ2	35.67	33.33	6.21	85.69	4.21	7.53	2.41	14.31

续表

层位	颗粒（%）				胶结物（%）			
	石英	长石	岩屑	总量	泥质	方解石	白云石	总量
滨Ⅳ3	26.33	32.42	12.71	83.86	6.21	5.12	4.32	16.14
滨Ⅳ4	16.22	28.56	24.22	85.67	2.58	1.21	10.22	14.33
滨Ⅳ5	30.75	20.50	10.75	70.37	5.63	9.75	9.00	29.63
总计	24.67	25.69	11.94	79.82	5.76	6.46	5.35	20.18

2．物性特征

根据港中油田的取心井岩心样品分析统计结果储集层孔隙度为 2.2% ~ 36.6%，平均为 18.8%。渗透率为 0.01 ~ 4170 × 10^{-3} μm^2，平均为 92.4 × 10^{-3} μm^2，港中油田储层明显受沉积环境和成岩作用的影响，孔隙度和渗透率与泥质含量、钙质含量及粒度中值有较强的相关性（图 4.1）。

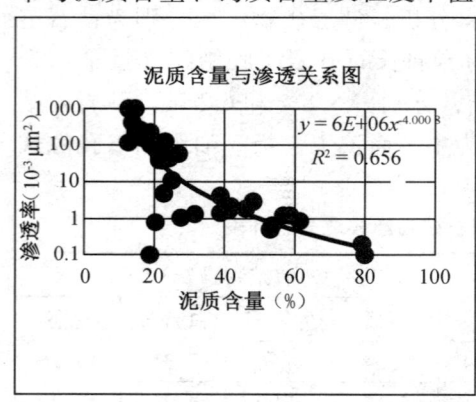 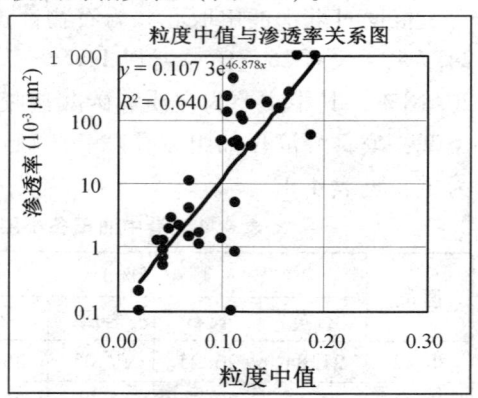

图 4.1　渗透率与泥质含量、粒度中值相关图

储层与沉积微相研究表明：平面上港中油田储层明显受沉积环境作用的影响：砂坝主体相砂岩物性要好于砂坝侧翼砂岩。砂坝侧翼相砂岩物性好于砂坝边缘相。主水道相物性好于分支水道相及分支水道前缘相（表 4.2）。

表 4.2　港中油田不同相带的物性特征

沉积相带	泥质含量平均值（%）	粒度中值平均值（mm）	孔隙度平均值（%）	渗透率平均值（× 10^{-3} μm^2）
坝主体	19.13	0.1117	20.74	71.42
坝缘	22.11	0.0992	20.04	65.76
滩砂	25.64	0.0868	18.56	47.23

纵向上不同油组储层孔隙度、渗透率均表现出一定的差异性，板1孔隙度平均在20%以上，滨Ⅰ油组孔隙度在15%以上；渗透率板3、滨Ⅰ油组较大，均在 $100\times10^{-3}\mu m^2$ 以上，属于中渗（图4.2）。

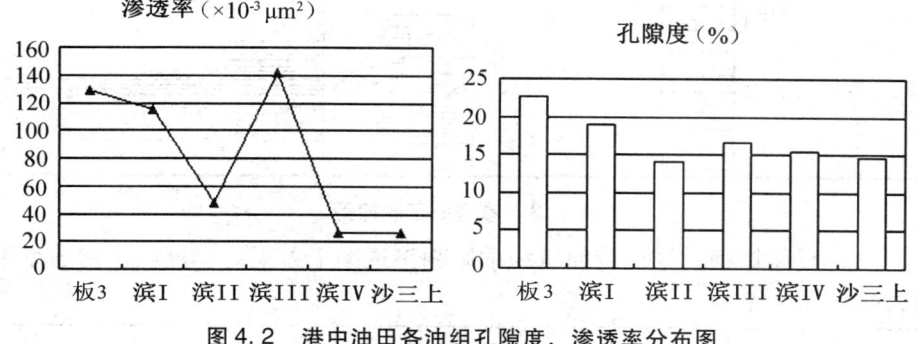

图4.2 港中油田各油组孔隙度、渗透率分布图

4.2 储层宏观非均质特征

4.2.1 层内非均质特征

层内非均质特征主要用来表征单砂体内部在垂向上储层性质的变化。其为控制和影响一个单砂体层内垂向上注入剂波及厚度的关键地质因素，该项的研究主要通过岩心分析资料结合测井解释资料等进行。

1. 渗透率韵律类型

根据岩心分析的岩性、粒度、物性数据，结合电测以单砂体内渗透率最高段所在位置及其在垂向上的变化规律来确定渗透率类型。通过对全区取心井的分析统计确定出以下韵律类型：

（1）相对均质型：表现为层内水平渗透率大小相对一致，仅在局部井段存在。

（2）正韵律型：受正旋回沉积的影响渗透率上差下好，反映出自下而上渗透率变低（图4.3）。

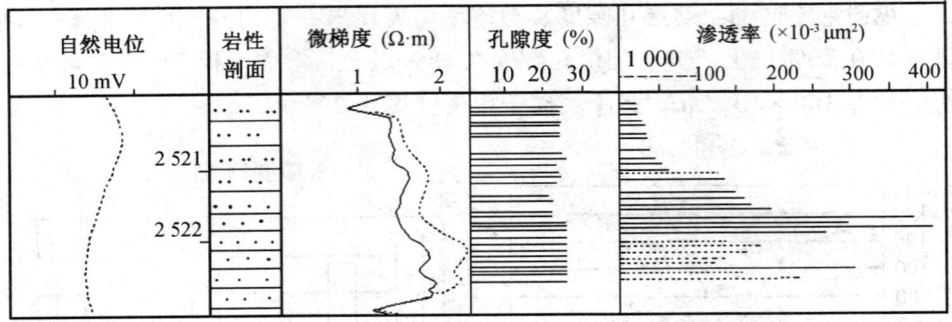

图4.3 渗透率正韵律型

（3）反韵律型：受反旋回沉积的影响渗透率下差上好，反映出渗透率下差上好（图4.4）。

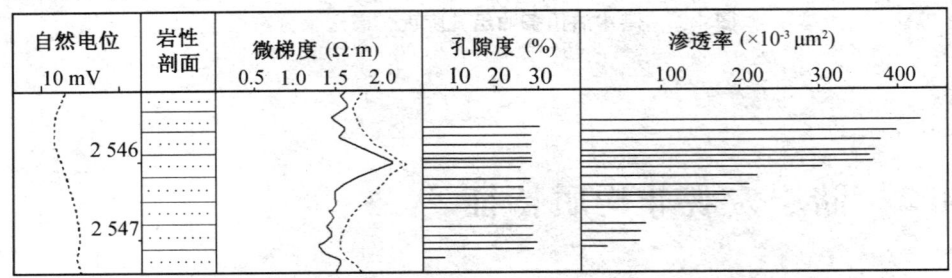

图4.4 渗透率反韵律型

（4）复合韵律型：由于沉积序列的多变性，对砂、泥互层型沉积旋回在一个单砂体内多次出现渗透率高低变化（图4.5）。

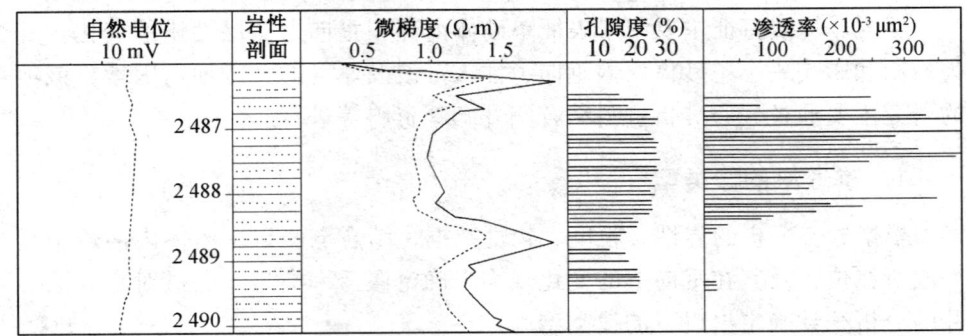

图4.5 渗透率复合韵律型

通过对港中油田18口取心井岩心分析化验资料统计表明，沙一下零一、滨Ⅰ油组韵律类型以正韵律型为主占到总统计层数的83%，其次为复合韵律型占11%，反韵律型和相对均质型所占比例很小。

2．夹层的分布

夹层指储层内低渗透层或非渗透层，与隔层的区别在与其厚度小于 2 m，且横向稳定性小于隔层，根据井间的对比分析，按厚度、大小、延伸范围划分为以下类型。

（1）1～2 m 厚夹层：本区这类夹层分布数量相对较少，主要表现井间范围内分隔单砂体或把单砂体在某一端分成两部分。可在较大规模上影响单砂体内渗流方向。尤其对垂向渗滤作用有较强的抑制作用。

（2）0.1～1 m 夹层：此类夹层在单砂体内普遍存在，主要岩性为泥质砂岩。

（3）毫米级泥纹层：此类夹层只能在岩心上辨别，为肉眼所能观察到的最低级别纹层或层理面。

统计表明：港中油田各油组夹层的分布具有层数多、差异大、分布不均一的特点。

3．层内非均质评价

应用取心井资料评价渗透率层内非均质研究表明：板 3 储层层内变异系数 0.38～0.69，平均为 0.6；非均质系数 1.31～5.06，平均为 3；级差 4.39～58.4，平均为 28.8。滨 I 储层层内变异系数 0.25～0.82，平均为 0.54；非均质系数 3.69～8.34，平均为 6.1；级差 3.33～2 085，平均为 468.7。根据储层非均质评价标准：当变异系数大于或等于 0.7 时，储层即为非均质性严重，由此可见从板 3～滨 I 储层相对均质（表 4.3）。

应用测井解释评价渗透率层内非均质研究表明：板 3 储层层内变异系数 0.34～0.71，平均为 0.51。滨 I 储层层内变异系数 0.45～0.73，平均为 0.56。与岩心资料评价结果基本一致（表 4.4）。

表 4.3　测井解释评价砂体层内非均质性

砂体	变异系数	非均质系数	级差	渗透率（$\times 10^{-3}\ \mu m^2$）		
				最小值	最大值	平均值
板 3_1^1	0.71	1.00	5.99	12.5	74.9	45.6
板 3_2^1	0.45	1.40	159.61	1.8	287.3	73.22
板 3_2^2	0.47	2.94	23.77	8.7	206.8	65.2
板 3_3^1	0.36	1.38	44.42	2.1	93.3	47.15
板 3_3^2	0.34	1.22	100.59	2.2	221.3	80.67

续表

砂体	变异系数	非均质系数	级差	渗透率（×10^{-3}μm^2）		
				最小值	最大值	平均值
板34^1	0.61	1.69	433.75	0.4	173.5	35.86
板34^2	0.48	1.31	117	1.3	152.1	44.61
滨Ⅰ1^1	0.45	4.96	144.31	1.3	187.6	37.81
滨Ⅰ2^1	0.46	5.43	145.45	1.1	160	29.44
滨Ⅰ2^2	0.73	6.87	106.11	1.7	180.4	26.27
滨Ⅰ3^1	0.53	3.32	1 721	0.1	172.1	51.89
滨Ⅰ3^2	0.58	6.45	2 808	0.1	280.8	43.54
滨Ⅰ4^1	0.54	8.91	2 057.45	0.2	407.49	45.75
滨Ⅰ4^2	0.57	3.19	2 508	0.1	250.8	78.65
滨Ⅰ5	0.55	4.87	1 735	0.1	173.5	35.6
滨Ⅰ6	0.65	2.96	1 254	0.1	125.4	42.41
滨Ⅱ1^1	0.82	9.70	662	0.2	132.4	13.65
滨Ⅱ2^1	0.62	3.45	1 116	0.1	111.6	32.31
滨Ⅱ3^1	0.72	4.18	172.36	1.1	189.6	45.39
滨Ⅱ3^2	0.78	6.46	77.3	2	154.6	23.94
滨Ⅱ4^1	0.65	2.20	177.06	1.26	223.1	101.57
滨Ⅱ4^2	0.62	8.75	571.5	0.2	114.3	13.07
滨Ⅱ5^1	0.68	5.83	43.37	0.4	173.5	29.78
滨Ⅱ5^2	0.69	1.77	12.8	0.6	7.7	4.35
滨Ⅲ1^1	0.84	1.37	3.75	4.8	18	13.13
滨Ⅲ1^2	0.72	2.19	71.8	0.5	35.9	16.4
滨Ⅲ2^1	0.76	2.68	874	0.1	87.4	32.64
滨Ⅲ2^2	0.8	3.07	25.16	1.2	30.2	9.84
滨Ⅲ2^3	0.67	2.13	9.65	1.7	16.4	7.7
滨Ⅲ3^1	0.71	2.35	52	0.2	10.4	4.43
滨Ⅲ3^2	0.62	2.66	190	0.8	152	57.13
滨Ⅲ4^1	0.64	3.61	966	0.1	96.6	26.76
滨Ⅲ4^2	0.65	4.59	1 231.3	0.3	369.4	80.5

续表

砂体	变异系数	非均质系数	级差	渗透率（×10^{-3} μm^2）		
				最小值	最大值	平均值
滨Ⅲ5^1	0.78	2.97	1.2	236.5	197.1	66.39
滨Ⅲ5^2	0.61	4.81	1 775.46	0.11	195.3	40.63
滨Ⅳ1^1	0.84	2.89	82.25	0.8	65.8	22.76
滨Ⅳ2^1	0.82	8.99	643	0.2	128.6	14.31
滨Ⅳ2^3	0.67	2.93	6.19	6.3	39	13.29
滨Ⅳ3^1	0.89	5.84	321	0.2	64.2	10.99
滨Ⅳ3^2	0.73	1.19	13.27	2.2	29.2	24.61
滨Ⅳ3^3	0.78	2.10	5.59	9.3	52	24.71
滨Ⅳ4^1	0.75	3.38	24.8	3.5	86.8	25.7
滨Ⅳ4^2	0.77	1.17	1.38	21.6	29.9	25.5
滨Ⅳ5^1	0.85	2.18	18.84	2.5	47.1	21.63
滨Ⅳ5^2	0.83	1.83	15.06	1.7	25.6	14

表4.4　岩心资料评价砂体层内非均质性

砂体	变异系数	非均质系数	级差	渗透率（×10^{-3} μm^2）		
				最小值	最大值	平均值
板32^2	0.68	5.06	58.40	18	1 052	208
板33^3	0.38	1.31	4.39	38	167	127
板34^1	0.69	2.88	19.41	41	796	276
板34^2	0.63	2.76	33.17	6	199	72
滨Ⅰ3^2	0.77	3.69	3.33	76	253	68.5
滨Ⅰ4^1	0.25	8.34	113.00	20	2 260	271
滨Ⅰ4^2	0.42	7.75	2 085.00	2	4 170	538
滨Ⅰ5	0.45	6.59	115.33	3	346	52.5
滨Ⅰ6	0.82	4.12	26.92	13	350	85
滨Ⅱ1^1	0.98	2.82	115.50	2	231	82
滨Ⅱ2^1	0.75	2.02	70.86	7	496	245
滨Ⅱ5^2	0.35	1.48	4.95	39	193	130

续表

砂体	变异系数	非均质系数	级差	渗透率（×10^{-3} μm^2）		
				最小值	最大值	平均值
滨Ⅲ1^3	0.92	4.74	206.47	17	3 510	740
滨Ⅲ2^2	0.57	2.65	10.00	126	1 260	475
滨Ⅲ2^3	0.62	2.63	46.45	11	511	194
滨Ⅲ3^1	0.73	4.19	630.00	4	2 520	602
滨Ⅲ3^2	0.97	1.18	107.89	19	2 050	1740
滨Ⅲ4^1	0.92	3.44	41.33	1.5	62	18
滨Ⅲ4^2	0.49	8.49	185.69	16	2 971	350
滨Ⅲ5^1	0.91	3.78	14.87	45	669	177
滨Ⅳ2^1	0.82	6.79	114.43	7	801	118
滨Ⅳ2^2	0.91	5.02	54.20	5	271	54
滨Ⅳ3^1	0.84	7.00	24.50	2	49	7
滨Ⅳ3^2	0.97	2.81	111.00	2	222	79
滨Ⅳ3^3	0.88	5.48	304.00	1	304	55.5
滨Ⅳ4^2	0.98	3.59	15.42	24	370	103
滨Ⅳ4^3	0.99	4.24	442.50	12	5 310	1253

4.2.2 层间非均质特征

层间非均质性是指某一单元内各砂层之间垂向岩性、物性等差异的总体研究。这种非均性在多油层井段、注水和采油的情况下，表现为严重的层间矛盾。

1. 隔层特征

隔层是地层中分割砂层，阻止或抑制流体流动的岩层。对比分析表明构成本区的隔层岩性主要是泥岩和粉砂质泥岩。其渗透率小于1×10^{-3} μm^2，厚度通常大于2 m，具有分布广、连续性稳定等特点。隔层统计数据表明：

（1）全区隔层数多、油组单元内隔层厚度大（表4.5）。

表4.5 港中油田各油组隔层数及隔层厚度统计

层位	隔层数		隔层累厚（m）		分布频率（层/米）		分布密度（%）	
	区间值	平均值	区间值	平均值	区间值	平均值	区间值	平均值
板3	1~9	5.9	13~120	66.98	0.02~0.086	0.06	0.54~0.81	0.67
滨Ⅰ	1~10	6.4	3~91	51.75	0.06~0.136	0.09	0.55~0.93	0.75

（2）隔层分布受各种因素控制，同一沉积体系下不同油组下的隔层分布参数值不同。其原因主要与沉积旋回的周期性有关。

（3）根据隔层分隔砂体单元大小，隔层类型分为油组间隔层、小层间隔层、单砂体间隔层。

（4）隔层的稳定性：稳定隔层，其单层厚度大于10 m，在断块、井间均可跟踪对比，本区分布较为广泛；中等稳定隔层，单层厚度在5~10 m，可在井间对比仅在井间范围内起分隔作用；不稳定隔层，其厚度在2~5 m，仅在单砂体之间起局部分隔作用。

2．层间非均质评价

研究表明：板3储层层内变异系数0.35~0.71，平均为0.52，滨Ⅰ储层层内变异系数0.42~0.64，平均为0.55（表4.6）。

表4.6 测井解释评价砂体层间非均质性

小层	变异系数	非均质系数	级差	渗透率（×10^{-3} μm^2）		
				最小值	最大值	平均值
板31	0.71	1	5.99	12.5	74.9	45.6
板32	0.46	2.17	159.61	1.8	287.3	69.21
板33	0.35	1.31	105.38	2.1	221.3	63.91
板34	0.54	1.49	433.75	0.4	173.5	40.24
滨Ⅰ1	0.42	1.38	79.85	1.3	10.38	41.84
滨Ⅰ2	0.64	1.71	72.78	1.4	101.9	21.71
滨Ⅰ3	0.57	1.46	1872	0.15	280.8	48.27
滨Ⅰ4	0.56	1.79	2 093.3	0.15	314	62.27
滨Ⅰ5	0.61	1.54	1 000	0.2	200	59.13
滨Ⅰ6	0.49	1.4	1 254	0.1	125.4	45.38

4.2.3　平面非均质特征

储层平面非均质性主要是指砂层及其形态在平面上的变化。这些因素直接控制和影响注入流体的渗流方向和平面波及程度。

1．砂体的几何形态

本次研究根据单砂体长宽比进行分类，基本分为3类。
（1）席状砂体：长宽比近于1∶1。
（2）土豆状砂体：长宽比＜3∶1。
（3）条带砂体状：3∶1＜长宽比＜20∶1。

2．砂体的连通性

砂体的连通性为各种成因单元砂体在垂向上和平面上相互接触而形成。砂体的连通性用砂岩钻遇率、有效厚度钻遇率、连通率、分布系数四个参数来表征。砂体的连通性直接影响着油藏的开发效果。各油组砂体连通情况计算统计表明：

板3油组9个单砂层的钻遇率为0.15～0.33，平均为0.24；有效厚度钻遇率为0.04～0.12，平均为0.06；连通率0.05～0.12，平均为0.093；分布系数0.04～0.34，平均为0.19，单砂体厚度平均为6 m。

滨Ⅰ油组9个单砂层的钻遇率为0.25～0.54，平均为0.33；有效厚度钻遇率为0.08～0.25，平均为0.16；连通率0.1～0.21，平均为0.13；分布系数0.32～0.63，平均为0.49，单砂体厚度平均为4 m。

3．砂体平面展布特征

1）滨Ⅰ油组

滨Ⅰ油组砂体范围较小，主要发育在构造东北部的北三、南四断块及构造中部的南二、南三断块东部，向构造西部砂体尖灭。该油组共分6个小层，9个砂体。一般单砂层厚度0.9～15.2 m。单砂体厚度平均4 m。砂体分布集中连片，连通性较好。从滨Ⅰ1—滨Ⅰ2^{1}砂体分布范围小，展布方向为北西—南东向。从滨Ⅰ2^2—滨Ⅰ4^{2}砂体向西北方向扩展，分布范围有所扩大。其展布方向以北东—南西向为主。滨Ⅰ5、Ⅰ6砂体厚度相对较小，物性差，分布范围几乎覆盖全区。

2）板 3 油组

为沿岸砂坝沉积环境，但湖水较滨 I 时期浅，砂体主要分布在南一、南二、南三断块，在南四、南五、南六、北三也有零星分布。该油组共分 4 个小层 9 个砂体，一般单砂层厚度 0.8～23 m。单砂体厚度平均 6 m。从板 31^1—板 31^2 砂体分布零星，展布方向为南西—北东向。从板 32^1—板 32^2 砂体向东北方向扩展，分布范围有所扩大。其展布方向以南西—北东向为主。从板 33^1—板 33^3 砂体分布范围有所减小。其展布方向仍以南西—北东向为主。至板 34^1、板 34^2 砂体主要分布范围有所扩大。其展布方向以南西—北东向为主。在这些砂体板 32^2 砂体最为发育，其厚度为 4～26 m，平均 7 m，渗透率在（0.2～1.40）×10^{-5} μm^2。

4.3　储层微观非均质性特征

通过本区铸体薄片、压汞等资料分析研究对本区的孔隙结构有以下认识：

4.3.1　孔隙类型

港中油田铸体薄片镜下观察显示孔隙类型以次生粒间孔隙为主，占孔隙总数的 79.89%，其次为颗粒印模孔、组分内溶孔、原生粒间孔、少数存在特大孔隙和裂缝。（表 4.7）

表 4.7　主要孔隙类型分布表

层位	次生粒间孔	印模孔孔	颗粒内孔	总孔隙
滨 I 4^1	11	1	3	15
滨 I 4^2	16	1	3	20
滨 I 5	4	0	2	6
滨Ⅲ3^1	12	2	2	16
	20.5	2.5	2	25
	21	3	2	26

续表

层位	次生粒间孔	印模孔孔	颗粒内孔	总孔隙
滨Ⅲ4¹	18	2.5	2.5	23
	0.5	1	0.5	2
滨Ⅲ4²	5	2	2	9
	20	1	3	24
	23	3	2	28
滨Ⅳ2¹	20	1	0.5	23.5
	0	1	1	2
滨Ⅳ2²	12	0.5	2	15
	18	1	1	23
滨Ⅳ3²	4	1	1	6

（1）原生粒间孔：本区储层主要存在机械压实缩小的原生孔隙、石英加大缩小的原生孔隙、基质微孔三种原生粒间孔。

（2）次生粒间孔：为本区主要储层孔隙类型，有缩小的粒间孔隙和扩大的粒间孔隙。缩小的粒间孔隙主要表现在石英、长石等自生加大，碳酸盐胶结物在粒间充填，黏土矿物在粒间的充填和生长，缩小了原生孔隙空间，其后也有一定程度的溶蚀，最终是粒间孔隙的缩小，这时剩余的粒间孔隙还属于缩小的粒间孔隙；扩大的粒间孔隙在其成因过程中既有颗粒溶蚀也有自生加大，但它最终的结果是由于强烈的溶蚀作用特别指颗粒边缘的溶蚀（如长石、石英，岩屑等颗粒）。粒间原生充填物的溶蚀引起孔隙空间的扩大．这类孔隙边缘常呈锯齿状、不规则状等。

（3）特大孔隙：此种孔隙是由于岩石之中沉积物、胶结物、交代物的溶解形成特大孔隙空间。一般孔隙直径达数百个微米。它的形成需要多种因素同时引起孔隙的扩大，是一种特定环境的产物，这种孔隙类型在本区存在但很少见。

（4）印模孔隙：本区发育长石颗粒铸模孔为主，它是由于长石颗粒由部分溶解到全部溶解而形成的，不被后来物质所充填。

(5) 组分内溶孔：该类孔隙在本区较为发育，其包括四个亚类：粒间溶孔、基质内溶孔、交代物内溶孔、胶结物内溶孔。它们的共同特征是组分内部分溶蚀形成孔隙。本区常见的有颗粒不均匀溶蚀形成蜂窝状颗粒、骨架颗粒或淋滤颗粒，以长石颗粒最为常见。另外，由于本区黏层黏土矿物发育，扫描电镜分析表明高岭石晶体内也常见溶蚀的晶内孔隙。

(6) 裂缝：因多期构造运动，本区断层发育，同时也引起储层内部存在微裂缝，但不是主要的储集空间，然而有利于流体渗流。

4.3.2 喉道类型

喉道为连通孔隙的通道，对储层渗流能力起决定作用，喉道的大小和形态主要取决于岩石颗粒的接触关系，胶结类型、颗粒形状和大小。电镜分析和图像分析表明：本区喉道类型分为三种：

(1) 缩径喉道：喉道是孔隙的缩小部分，吼道宽度为30~45 um。

(2) 片状喉道：由于颗粒的紧密接触，喉道呈片状或弯片状，喉道宽度10~20 um。

(3) 断面部分收缩式喉道：大孔径、小吼道特点，喉道宽度小于10 um。

(4) 孔喉半径分布区间：孔喉半径与渗透率关系密切，当孔喉半径主要分布在1~5.4 um时，渗透率小于10×10^{-3} um^2，当孔喉半径主要分布在4.6~10 um时，渗透率小于200×10^{-3} um^2，孔喉半径大于6.3 um时，渗透率大于200×10^{-3} um^2。

4.3.3 储层分类

1. 孔隙结构分类参数的确定

采用定性与定量相结合，利用压汞资料结合岩石学特征和沉积微相资料，以渗透率为主线对孔隙结构特征参数进行相关分析。根据相关系数大小，选取与渗透率和孔隙度相关性较好的参数进行分类，主要有：主要流动喉道半径（R_z），平均喉道半径（R），最大连通孔隙半径（R_d），饱和度中值喉道半径（R_{50}），喉道分选系数（SP）。表4.8为各参数相关性分析。

表 4.8　各参数相关性分析

回归参数	回归方程	相关系数	样品数
$K-R_z$	$Y = 1.5735X^{1.0793}$	0.38	81
$K-R_{50}$	$Y = 0.9151X^3 - 12.352X^2 + 125.56X + 5.972$	0.96	81
$K-R_d$	$Y = 335.77X^{-0.9324}$	0.35	81
$K-P_d$	$Y = 1.1846X^{-1.6705}$	0.85	81
$\Phi-K$	$Y = 0.609X^2 - 0.5114X - 142.17$	0.39	81
$\Phi-R_d$	$Y = 0.0017X^2 - 0.1944X + 25.301$	0.36	81
$\Phi-R_z$	$Y = -0.005X^2 - 0.4316X + 17.604$	0.32	81
$\Phi-P_d$	$Y = 742.37X^{-2.7421}$	0.69	81

2. 分类标准

通过各参数相关分析可以看出 $K-R_{50}$ 相关性最好，因此本区储层孔隙结构分类划分选取（R_{50}），和渗透率作为主要参数，分类标准如下：

（1）渗透率：

高渗：渗透率大于 $500 \times 10^{-3} um^2$。

中渗：渗透率为（100~500）$\times 10^{-3} um^2$。

低渗：渗透率为（10~100）$\times 10^{-3} um^2$。

特低渗：渗透率小于 $10 \times 10^{-3} um^2$。

（2）根据渗透率与饱和度中值喉道半径（R_{50}）的关系将喉道分为四类：

粗喉：R_{50} 大于 4 um。

中喉：R_{50} 为 1~4 um。

细喉：R_{50} 为 0.05~1 um。

微喉：R_{50} 小于 0.05 um。

3. 储层分类

通过对港中油田 9 口取心井 81 块样品压汞资料统计分析并依据上述标准将储层分为四大类（图 4.6、表 4.9）：

（1）Ⅰ类储层（高渗粗喉型）渗透率大于 $500 \times 10^{-3} um^2$，平均孔隙度 >26%，R_{50} 大于 4 um，主要流动喉道半径大于 17 um，最大连通半径大于

19 um。

（2）Ⅱ类储层（中渗中喉型）渗透率为 $100 \sim 500 \times 10^{-3}$ um^2，孔隙度为 26%~28%，R_{50} 为 1~4 um，最大连通喉道半径为 12~19 um。

（3）Ⅲ类储层（低渗细喉型）渗透率为 $10 \sim 100 \times 10^{-3}$ um^2，孔隙度为 26%，R_{50} 为 0.05-1 um，最大连通喉道半径为 10~12 um。

（4）Ⅳ类储层（特低渗微喉—特低渗细喉）渗透率为 $1 \sim 10 \times 10^{-3}$ um^2。孔隙度为 26%，R_{50} 为 0.05~1 um。最大连通喉道半径为 2~10 um。

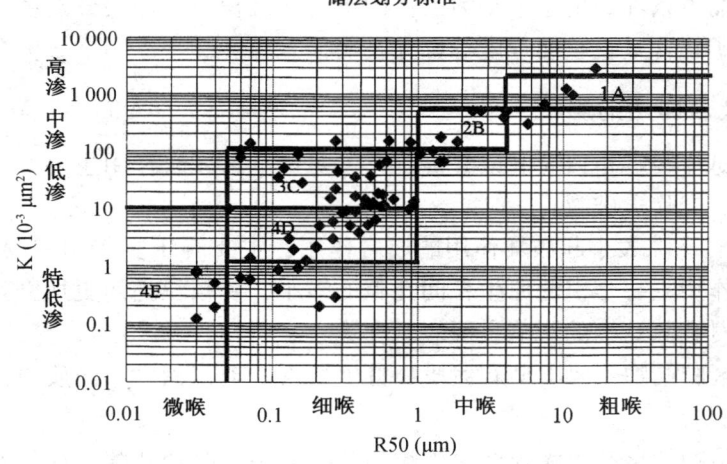

图 4.6　储层分类标准

表 4.9　港中储层结构分类

类别		渗透率 (10^{-3} um^2)	孔隙度 (%)	饱和度中值半径 R_{50} (um)	平均喉道半径 R (um)	主要流动喉道半径 R_z (um)	最大连通喉道半径 R_d (um)
Ⅰ类	1A	>500	>26	>4	>13	>17	>19
Ⅱ类	2B	100~500	26~28	1~4	10~13	15~17	12~19
Ⅲ类	3C	10~100	19~26	0.05~1.0	8~10	12~15	10~12
Ⅳ类	4D	1~10	17~19	0.05~1.0	2~8	4~12	2~10
	4E	<1	<17	<0.05	<2	<4	<2

统计表明：本区Ⅰ类储层占 5.6%，Ⅱ类储层占 11%，Ⅲ类储层

42.5%，Ⅳ类储层占 40.9%，综上所述本区储层主要以Ⅲ、Ⅳ类储层为主，属低渗细喉型—特低渗细喉微喉型储层。

4.3.4 孔隙结构的影响因素

1. 沉积微相与孔隙结构

港中油田沉积相主要为水下扇沉积体系，这种沉积体系代表不同的沉积环境与水动力条件，由于水动力条件的不同，沉积砂体储层分选度、泥质含量、黏土矿物含量，胶结程度等都存在明显差异。

2. 成岩作用的影响

铸体薄片鉴定和扫描电镜分析研究表明：本区成岩作用主要有压实、胶结、溶蚀、交代、破裂。

（1）对孔隙大小起破坏作用的成岩作用：主要有压实作用和胶结作用，其中压实作用主要是引起原生粒间孔隙的缩小，使颗粒之间更加密切。本区胶结作用对孔隙结构的影响主要表现在：

①本区胶结物主要类型有泥质、自生加大石英、钙质、泥质白云石及结晶高岭石。

②胶结物的存在大大降低原生粒间孔隙大小，改变孔隙几何形态，堵塞和缩小孔隙、喉道，主要有如下几个方面：

a. 自生加大石英和少量自生加大长石向孔隙空间延伸形成缩小的粒间孔隙，电镜下观察到本区常见有孔隙表面和颗粒表面生长成丛的石英小晶族。

b. 钙质胶结物如方解石和泥质白云石形成镶嵌状胶结，使岩石致密，仅残存极小的孔隙空间。

c. 黏土矿物的生长、填充和堵塞孔隙及吼道；随着胶结物含量的增加，孔隙吼道变小，严重影响储层内部流体的渗流性质。

（2）对本区孔隙度起建设性作用的成岩作用主要有溶蚀作用、交代作用和破裂作用，其中以溶蚀作用最为常见。前面已经提到，溶蚀作用的类型有颗粒溶蚀、胶结物溶蚀和交代物溶蚀。电镜、阴极发光资料表明，本区溶蚀作用主要以长石颗粒、碳酸盐胶结物的溶蚀为主。溶蚀作用对储层的改造作用主要在两方面：

①扩大孔隙，增加孔隙度。
②引起孔隙表面更加粗糙，孔隙几何形态呈不规则状和锯齿状。

4.4 黏土矿物分布特征及储层敏感性分析

4.4.1 黏土矿物分布特征

根据电镜、X—衍射分析资料进行研究，本区黏土矿物主要类型有高岭石、伊利石、蒙脱石和绿泥石，

根据黏土矿物在砂岩孔隙中的产状，将其分成以下三种基本类型。

（1）黏土矿物以分散质点的形式填充在砂岩储层粒间孔隙中，其中以自生高岭石最为常见。

（2）搭桥式黏土：砂岩储层中黏土矿物晶体、自孔壁伸向孔隙空间，在整个孔隙空间中形成黏土桥。

（3）薄膜式黏土：这种形式的黏土又叫孔隙衬层，最常见的是蒙脱石、绿泥石、伊蒙混层，这种产状的黏土矿物对储层的影响主要是缩小了孔隙有效半径，在一定程度上影响了砂岩的渗透性和润湿性。

4.4.2 储层敏感性分析

在砂岩储层中黏土矿物主要以孔隙衬里和孔隙充填形式存在，由于它们颗粒细小，比表面积很大，所以很容易与流体起反应，从而对油层造成伤害，其主要表现为：速敏、水敏、酸敏、盐敏。

（1）速敏：实验表明，本区储层临界流速 0.25 mL/min，综合速敏强度为弱速敏，据电镜观察，引起本区速敏的主要原因是储层中的高岭石晶体遇注入流体发生微粒移动，堵塞孔喉引起渗透率降低。

（2）水敏：港中 5-54 井滨Ⅳ油组属强水敏，水敏指数 0.731~0.836 3 储层岩石发生水敏是由于含有膨胀黏土矿物，与不同盐度的水溶液接触而发生岩石性质（膨胀性、分散指数）的改变，蒙脱石比表面最大，它的膨胀性也最强。本区黏土矿物的测定表明蒙脱石的含量较高。

（3）酸敏：表4.10为南Ⅲ断块中5-54井滨Ⅳ油组实验数据。其中用30%盐酸处理效果最为显著，改善值达1.408。

表4.10　港中5-54井滨Ⅳ油组酸敏实验数据

酸类型	岩心号	层位	K_A	$K_滨$	改善值	效果
15%	06	Ⅳ	2.99	1.46	-0.51	有酸敏
30%	003	Ⅳ	11.57	27.85	1.41	明显
土酸	008	Ⅳ	2.73	5.59	1.06	明显

（4）盐敏：中5-54井盐敏实验数据：临界矿化度（C_c）为10 000 ppm（1 ppm = 10^{-6}），地层水矿化度20 249 ppm，盐敏指数49.39。

储层敏感性分析统计数据表明：储层具有强酸敏、强盐敏、强水敏、弱速敏等特点。

第 5 章 滩坝砂富油砂体刻画及控油模式

在沉积微相的研究基础上，从单砂体平面分布入手，结合储层四性关系及动静态资料，界定港中油田沙一段储层有效储层砂体（或干层）标准，并提出富油砂体的概念，研究有效储层和油砂体的分布，并通过富油砂体的刻画、分布规律和控油因素的研究，总结港中油田沙一段滩坝砂控油模式。

5.1 问题的提出及研究思路

5.1.1 问题的提出

港中油田滩坝砂储层既有层薄产量较低的砂泥岩薄互层，又有砂层厚度大、单砂体储量大、单井（层）产量高的坝砂体。据统计，港中油田约10%的单砂体所占的地质储量占全油田储量的近一半左右。此外，研究区内许多砂层都经生产证实为干层，薄层滩砂大多为非储层；储层的分布范围与砂层的分布范围不尽相同，部分地区、部分层位相差甚远。

一般情况下，在相控指导下寻找到砂层，自然也就找到了储层的分布，砂岩的界线就是储层的界线，这是油气田储层分布研究的通用思路。然而，港中油田滩坝砂储层内部断层发育，构造复杂，储层横向变化大，油砂体分布复杂，油砂体界线受多种因素的控制。

因此，针对港中油田储层发育特征，需要对如下问题进行探讨研究。什么是有效储层砂岩？有效储层（或干层）的标准是多少？这些油气相对富集的油砂体是受什么因素控制的？其分布规律如何？

在黄骅坳陷港中、板桥等油田沙河街组的砂岩内部经常发育大规模的干层。在大港地区，过去有人在储层表征中，提出"渗透砂岩"的概念来表示具有一定的流体储存渗流性能并且具有一定产能的砂层[130]。这一概念内涵实际与有效储层的含义一致，但是过去并没有给出具体的标准。此外，从严格意义上讲，"渗透砂岩"的概念是欠准确的。随着理论的创新、技术的进步，致密的砂岩都具有一定的存储空间和渗透性能，如低渗储层、特低渗储层、超低渗砂岩储层以及纳米孔喉系统的非常规油气储层，均表明"渗透砂岩"的概念是相对的[131-133]。因此，相对于干层来讲，本书中选用有效储层的概念来表述这一内涵更为准确严谨。

富油砂体这一概念是针对研究区油砂体的储量及产量规模悬殊很大的情况，提出的一个名词术语。它是指在港中油田沙一段经生产证实油气相对富集的油砂体。据统计一般富油砂体油气地质储量大于 10×10^4 t，钻遇富油砂体的单井平均日产大于 20 t，并且具有原始地层压力高、稳产时间长、单层累积产量高的特点。针对富油砂体富集规律的研究（与勘探领域优质储层的概念类似），目前国内外主要从层序、构造、成藏体系等宏观方面去研究盆地规模或二级构造单元内部整个油藏的油气富集规律，其研究的地层单元一般为系或者组；其研究的也大多是宏观的，尚未达到油气田精细开发的程度，不足以解决开发中存在的问题。

5.1.2 富油砂体研究思路

在油田开发中，单砂体是研究的基本单元，油砂体是研究的主要目标。单砂体是指在相同沉积环境下，在成因上具有一致性、平面上连续分布的沉积砂体[134,135]。早在 70 年代，大庆油田立足于砂岩储油层的研究，首先提出了油砂体概念，认为油砂体是砂体中含油的砂体，一般由很多不规则的砂体组成，并且具有一定的地质储量；它是目前能够开发的最小含油单元，也是控制油、水渗流的基本单元。

近年来，在油田地质工作和油田开发工作中，通过细分小层，编制小层砂岩厚度、含油性等基础图件，从砂体的分布、油砂体形态、分布状况以及砂体的物性等几个方面对油砂体进行了评价。

油砂体是一种信息不全的灰色系统，可以运用灰色聚类理论来综合评价[136]。针对复杂断块油藏油砂体的研究，在小层油砂体图编制和油砂体储量评价基础上提出了油砂体半定量评价方法[137]。胜利油田按照油砂体面积、生产动态特点及采出程度把油砂体划分为"三高""中速"及"双低"三类，然后分类别进行油砂体的研究[138]。

港中油田经过30多年的开发，发现了一批高产井，然后以高产井为目标，通过单砂层精细井震对比、单砂体的追踪、地震属性的优选与提取、科学井位论证，对富油砂体的分布范围和发育特征有了初步的认识。本章的研究思路见图5.1。

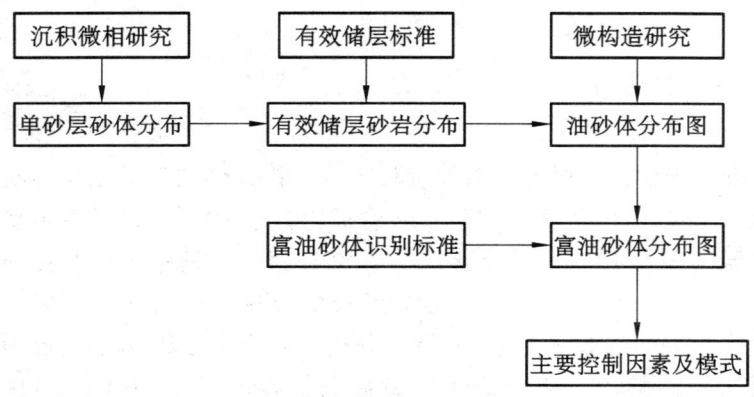

图5.1 港中油田富油砂体研究思路图

第一步，在精细单砂层沉积微相、单井二次测井解释的基础上，作出港中油田单砂层的砂体厚度等值线图，了解砂体整体上的分布趋势，明晰沉积微相对不同微相类型砂体的控制作用。第二步，在储层四性关系研究的基础上，结合二次解释成果，确定不同油组有效储层的孔隙度、渗透率的下限值，结合试油、生产资料确定干层的标准，绘制单砂层有效储层砂岩的厚度等值线图。第三步，结合地震油组顶面的构造背景趋势，通过井点分层数据的校正及补心海拔校正，得到单砂层砂体顶面海拔数据，在趋势面的约束下，结合断层的分布及组合关系，编制单砂层的砂岩顶面微构造图；以此为基础，绘制出港中油田单砂层油砂体的分布图，即含油面积图。第四步，通过含油面积、有效厚度及单储系数数据，采用容积法计算方法，计算出油砂体的储量数据。结合试油试采资料、生产累积产量等动态数据界定富油砂体的标准，圈定出单砂层富油砂体的分布范围。第五步，从断层构造、微构造、沉积相、成岩相等方面，分析单砂体油气富集主控因素，总结富油砂体的控油模式，为港中油田后续滚动开发工作提高认识。

5.2 储层四性关系及有效储层标准

有效储层是指具有一定的储集空间和渗流能力，在目前开采条件下能够采出具有工业价值油气的储集层[139,140]。干层是指储层物性差、产液量低的岩层。有效储层物性标准通常用孔隙度、渗透率的下限值来表征。确定下限值的方法，一般综合运用物性、试油等资料，通过储层四性关系的研究确定[141]。

5.2.1 岩性特征

根据港中油田沙一段岩石薄片资料统计分析，储层轻矿物中石英平均含量35.5%，长石平均含量43.2%，岩屑平均含量19.3%，岩石类型为岩屑质长石砂岩（表5.1）。胶结物含量平均为13.5%，其中主要为泥质和碳酸盐胶结，分别占3.5%和8.5%。砂岩颗粒的分选和磨圆相对较好，胶结类型以孔隙式为主（表5.2）。据X衍射分析，黏土矿物以伊蒙混层为主（图5.2），其次为高岭石、伊利石等，蒙脱石含量较少，伊蒙混层比（I/S）为50%。

表5.1 港中油田沙一段岩石矿物含量统计表

层 位	碎屑（%）				胶结物（%）		
	石英	燧石	长石	岩屑	泥质	钙质	其他
板3油组	35.0	2.0	46.0	16.5	5.0	8.0	0.0
滨Ⅰ油组	36.0	1.5	40.5	22.0	2.0	9.0	3.0
平均	35.5	1.75	43.2	19.3	3.5	8.5	1.5

表5.2 港中油田沙一段岩石胶结类型统计表

井号	深度（m）	颗粒大小（mm）	磨圆	分选	胶结类型
中7-59	2 295.7	0.05~0.10	次圆—次尖	好	接触式
中7-59	2 296.1	0.02~0.05	次尖	好	充填—接触式
中7-59	2 296.8	0.10~0.25	次尖—次圆	好	充填—接触式
中7-59	2 311.3	0.02~0.10	次圆—次尖	中	基底式

续表

井号	深度（m）	颗粒大小（mm）	磨圆	分选	胶结类型
中7-59	2 467.2	0.02~0.07	次圆—次尖	好	孔隙式
中7-59	2 465.7	0.01~0.03	次尖	好	基底式
中9-65	2 505.1	0.01~0.04	次尖	好	基底式
中9-65	2 505.6	0.01~0.04	次尖	好	基底式
中9-65	2 505.8	0.02~0.04	次尖	好	孔隙式
中9-65	2 506.5	0.02~0.04	次尖	好	基底—孔隙式
中9-65	2 506.6	0.01~0.04	次尖	好	基底式
中9-65	2 507.5	0.01~0.08	次尖	中	基底—孔隙式
中9-65	2 519.7	0.01~0.03	次尖	好	充填—孔隙
中9-65	2 520.0	0.01~0.03	次尖	好	基底式
中9-65	2 520.5	0.02~0.05	次圆—次尖	好	充填—孔隙
中9-65	2 532.5	0.01~0.22	次尖—次圆	好	充填—孔隙
中9-65	2 532.8	0.03~0.08	次尖	好	孔隙式
中9-65	2 540.0	0.12~0.25	次圆	好	接触式
中9-65	2 541.5	0.07~0.20	次尖—次圆	中	充填—接触式

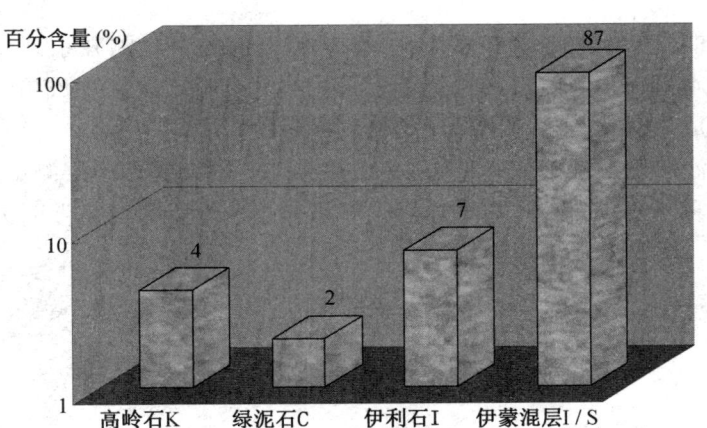

图 5.2 港中油田沙一段黏土矿物统计图

从岩心观察，滨Ⅰ、板3油组油气层以灰色、浅灰绿色岩屑长石砂岩为主；岩石颗粒胶结较松散、多数岩心已被风化成散沙或薄片状（图5.3），孔隙发育，肉眼可见；垂向厚度大；发育波状层理、交错层理。

图5.3 港中油田沙一段滩坝砂油层、差油层、干层照片

差油层岩性以粉砂岩为主，岩性较致密，内部泥质夹层发育，交错层理发育，局部可见泥灰岩夹层。经生产证实的干层，岩性以薄层粉细砂岩为主，岩性致密，钙质胶结强，在岩心新鲜面上滴酸起泡剧烈。砂体厚度薄、泥质含量高、钙质胶结以及沉积时期泥灰质含量高，是导致物性差不能形成有效的储集层的重要因素。从沉积微相上分析，差油层和干层一般常位于坝缘微相和滩砂微相。

5.2.2 电性特征

港中油田原始测井资料多数为1980年以前的井，测井系列以声感应测井为主。本书在测井资料的选择上，采用测井资料二次解释成果，并与原始测井解释成果对比分析，确保了资料的准确性。

针对沙一段滩坝砂体，选取49口井共113层（其中单层测试17层）的试油资料和测井资料，建立了不同油气水储层的电阻率与声波时差关系图版（图5.4），并确定如下电性标准：

油层：$R_t > 5\ \Omega \cdot m$；$AC > 260\ \mu s/m$。

气层：$R_t > 10\ \Omega \cdot m$；$AC > 330\ \mu s/m$。

油水同层：$4 < R_t < 5\ \Omega \cdot m$；$AC > 260\ \mu s/m$。

水层：$R_t < 4\ \Omega \cdot m$；$AC > 260\ \mu s/m$。

差油层：$R_t < 4\Omega \cdot m$；$240\ \mu s/m < AC < 260\ \mu s/m$。

干层：$AC < 240\ \mu s/m$。

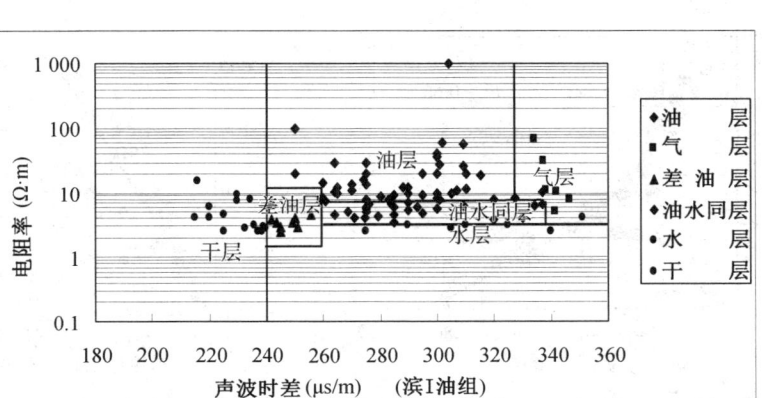

图 5.4　港中油田沙一段油层电性识别模板（据大港油田，有修改）

5.2.3　物性特征

根据港中油田沙一段滩坝砂 92 个岩样物性分析统计，表明砂岩孔隙度范围为 8.0% ~ 35.32%，平均孔隙度为 22.2%。渗透率为 0.01×10^{-3} ~ $1\,043 \times 10^{-3}\ \mu m^2$，扣除干层后统计储层的平均渗透率为 $125.0 \times 10^{-3}\ \mu m^2$。砂体的孔隙度、渗透率与泥质含量、粒度中值有较好的相关性（图 5.5，图 5.6，图 5.7）。

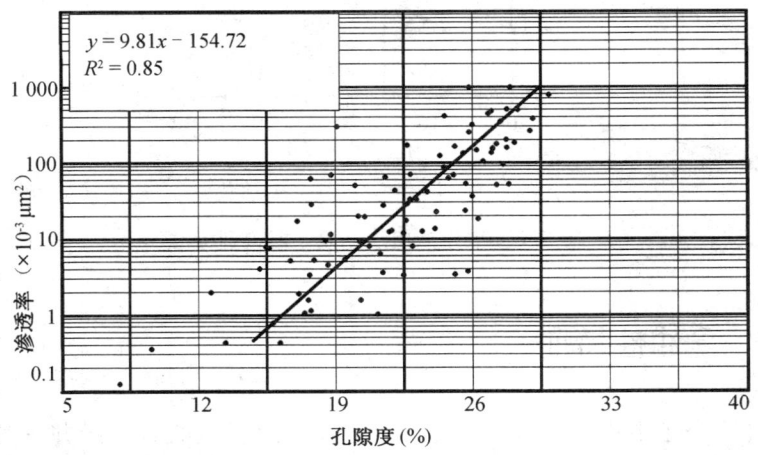

图 5.5　港中油田沙一段滩坝砂孔渗交汇图

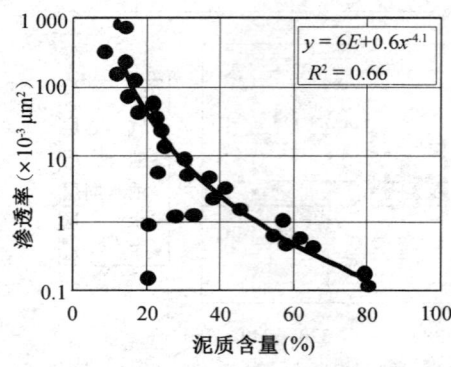

图5.6 港中油田渗透率与泥质含量交汇图　　图5.7 渗透率与粒度中值交汇图

综合分析认为，港中油田沙一下段有效储层与非储层的物性标准，即干层的识别标准为（图5.8）：孔隙度≤15.6%、渗透率≤1.5×10^{-3} μm^2。据储层分布与沉积微相关系研究表明，平面上储层明显受沉积环境作用的影响较大，坝主体微相砂岩物性要好于坝缘微相，而滩砂微相的砂岩物性最差（表5.3）。

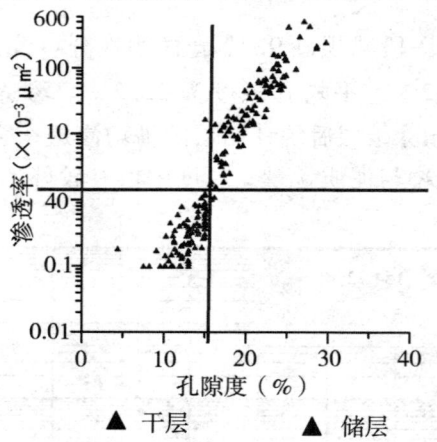

图5.8 港中油田沙一段干层识别标准

5.2.4 含油性特征

统计研究了港中油田1 151块实际岩心不同岩性的岩心录井含油性情况（表5.4），沙一下段油层在录井含油性级别多为饱含油、富含油及油浸级别，岩心观察断面40%以上见油，含油均匀；差油层为油斑级别，含油不均匀，呈斑状或条带状；油水同层以油斑为主；水层一般为油迹级别，局部见零散的含油斑点；干层为荧光级别，肉眼一般看不见油气显示。

表5.3 港中油田沙一段滩坝砂不同微相带的物性参数统计表

沉积微相	平均泥质含量（%）	平均粒度中值（mm）	平均孔隙度（%）	平均渗透率（$\times 10^{-3}$ μm^2）
坝主体	19.13	0.17	26.74	171.42
坝缘	22.11	0.11	20.04	65.76
滩砂	25.64	0.09	18.56	27.23

表5.4 港中油田沙一段滩坝砂储层岩性－含油性统计表

层位	储层类型	砂岩（块）	钙质砂岩（块）	粉砂岩（块）	泥质粉砂岩（块）	含油性级别
沙一下段	油层	290	0	65	12	油浸
	气层	135	0	77	4	油斑
	水层	232	6	46	23	油迹
	干层	158	51	44	8	荧光

5.2.5 有效储层标准

借助岩心、测井等资料，通过四性关系的研究，界定出有效储层如下识别标准：岩性上以细砂岩为主，含油性在油迹以上，大多为油斑和油侵级别以上；电性主要从 AC 曲线识别，一般声波时差曲线 AC 值 > 260 $\mu s/m$；一般孔隙度 > 15.6%，渗透率 > 1.5×10^{-3} μm^2。

5.3 低阻油层及水淹层识别

5.3.1 低阻油层

所谓低阻油层，通常指电阻率增大指数（油层电阻率与邻近标准水层电阻率的比值）小于2。由于低阻油层电阻率较低，与邻近水层电阻率差异小，在测井解释中容易漏解释，造成解释符合率较低。随着开发进入后期，多数容易识别的油气层都已动用，低阻油气层就成为老区挖潜的主要目标，因此对低阻油层的识别与评价技术研究是当前测井解释工作者必需解决的问题。

1. 低阻油气层成因类型

从成因机理分析，港中油田低阻油气层主要分为两类：

1）岩性因素形成的低阻油气层

这类储层岩性细、层薄且砂泥间互分布，储层孔隙结构复杂，微孔隙与渗流孔隙并存，导致束缚水饱和度高，从而使油层电阻率降低。如中6-55井沙三段28号层，油层电阻率$4.4\ \Omega\cdot m$，低于区域上油层电阻率下限值。

2）咸水泥浆侵入形成的低阻油气层

这类储层钻井泥浆为咸水泥浆，泥浆的侵入改变了储层井壁周围的地层流体的饱和度，在油层处形成低阻侵入，大大降低了油层的电阻率，缩小了油层与水层之间的差别。

港中油田钻井泥浆性质差别较大，钻井泥浆密度为$1.18\sim1.8\ g/cm^3$，泥浆电阻率（18℃）为$0.13\sim2.2\ \Omega\cdot m$，这样导致部分井由于咸水泥浆钻井对油层的污染严重，造成油层、水层的电阻率均较低。

由沙一段电阻率-声波时差关系图上分析：深电阻率在$4.0\sim5.0\ \Omega\cdot m$范围内为油层、油水同层、水层的混合存在区，造成该现象的主要原因是井间钻井所用泥浆性能差异大。如中8-75井，泥浆电阻率$0.22\ \Omega\cdot m$，13、14号层，电阻率$4.7\ \Omega\cdot m$，低于油气层电性标准，而试油证实为油层。

中7-59井钻井泥浆比重为$1.48\ g/cm^3$，泥浆电阻率$0.135\ \Omega\cdot m$，5、6号层油层电阻率分别为$3\ \Omega\cdot m$、$2.9\ \Omega\cdot m$，远低于油气层电性标准，是典型的泥浆污染形成的低阻油层（图5.9）。中7-59井1973年12月、1974年4月、1974年5月三次不同浸泡时间侵入实验测得的4m电阻率和感应电导率表明，随着浸泡时间的增加，油层段的4m电阻率和感应电阻率依次降低。

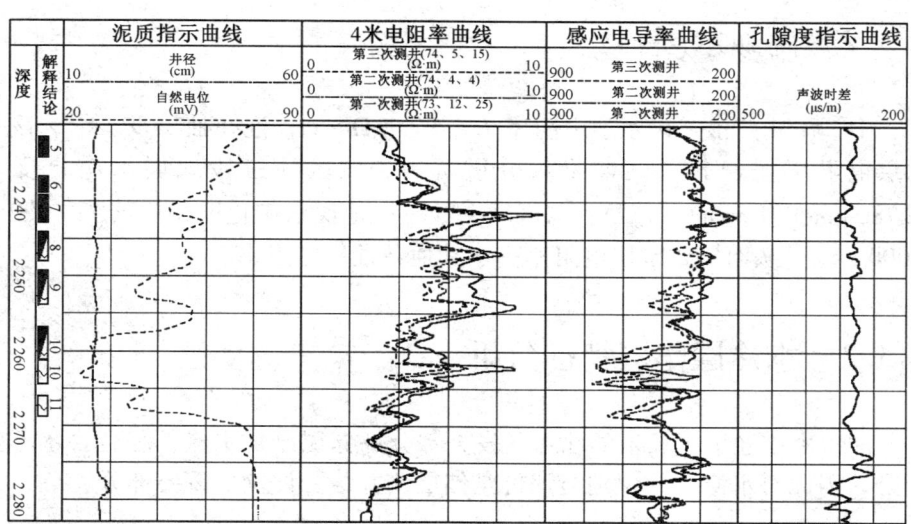

图 5.9 中 7-59 井三次不同浸泡时间侵入实验

2. 低阻油气层识别与评价

1）定性识别低阻油气层

所定性识别低阻油气层主要采用纵横向对比法，就是首先将本井与同一断块或相邻断块内邻井同层位出油层，在岩性、物性、含油显示及电性特征方面进行横向对比，再与本井同一井段内已试油层及与之相邻的水层进行纵向对比，然后根据其测井曲线特征与已试油层的相似性，以及与本井相邻水层的差别，结合该层所在层系油气分布及富集规律，定性地进行油、气、水层综合评价的方法，该方法也是一种定性识别低阻油层有效的基本方法。

2）定量评价低阻油气层

对于岩性因素形成的低阻油层，含油饱和度降低是影响其解释结论的直接要素。因此选用适用的解释模型，提高含油饱和度求取精度是准确识别该类油气层的关键，本次测井综合解释所用的含油饱和度充分考虑了岩性的影响，采用西门杜公式来计算含油饱和度。

对于咸水泥浆侵入形成的低阻油层，为了消除咸水泥浆的侵入影响，除了对测井资料进行环境校正外，还采用了深电阻率与标准水层电阻率的比值与声波时差建立关系图版，油水层区分比较明显，油层的比值均在 1.8 以上，而水层均在 1.8 以下，解释符合率为 94.4%。

5.3.2 高阻水层

中7-54井沙三段水层电阻率 7.4~7.7 Ω·m，混在油层点子内，该井水层电阻率普遍较高，查阅水分析资料，该区沙三段地层水矿化度为 12 780 ppm（1 ppm = 10^{-6}），与区域上沙三段地层水矿化度相比低了 4 000~5 000 ppm，从而导致水层电阻率高于其他井油层电阻率。

5.3.3 水淹层储层特征分析

油田由于经历了长期的注水开发，部分井储层已被水淹，综合含水不断上升，因此对水淹层的识别与评价是储层测井综合评价的重要部分。

1. 水淹层特征

（1）含水饱和度增大。

在注水开发区中，随着注入水不断驱替地层中的原油，水淹油层的含水饱和度不断增加，剩余油饱和度不断降低。

（2）孔隙结构发生变化。

油田在长期注水开发过程中，储层孔隙空间结构发生变化，水洗后产层的孔隙半径普遍增大，充填于地层孔道内的黏土矿物的分布形态及含量发生相应的变化，造成产层孔隙度和渗透率增加、束缚水饱和度降低，或者由于黏土矿物的进一步膨胀堵塞孔道，使孔渗性能变差。港中油田水淹层物性普遍变好。

（3）地层水电阻变化。

当注入水矿化度与原始地层水矿化度存在较大差异时，二者将产生离子交换，高矿化度地层水中的盐离子将不断地向低矿化度的淡水中扩散，结果使地层水不断淡化，从而使地层水电阻率增大。

（4）产层内油、气、水分布状态和流动特点的变化。

水淹前的油层，水呈束缚状附着在孔壁的粗糙表面上或微小的细孔中。注入水进入地层后，水驱油的过程中，水相和油相由开始的连续流动状态逐渐转变为不连续窜流或分散状态。

2. 水淹层的电性特征

1）自然电位

由于注入水与原始地层水存在差异，导致自然电位曲线基线发生偏移，甚至自然电位曲线异常方向发生翻转，港中 8-74 井就是一个典型例子（图 5.10），4 号层底部淡水水淹，与上部未被水淹的 3 号层、4 号层顶对比，其自然电位曲线由负异常变为正异常。

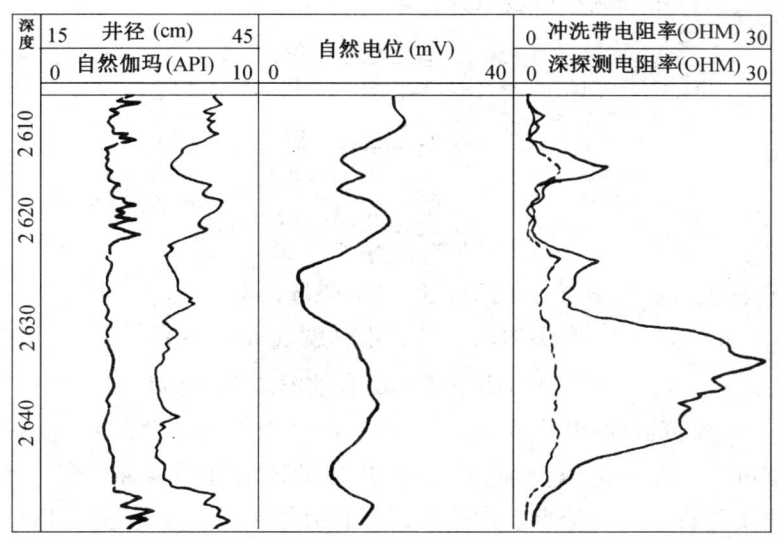

图 5.10　中 8-74 井水淹层测井曲线特征

2）电阻率

油层水洗后最明显的变化当属地层含水饱和度和地层水矿化度的变化，两种因素的变化又直接制约着电阻率的变化，当地层注入淡水后，水淹初期，随着含水饱和度增加，电阻率有明显下降趋势；但到水淹中后期，电阻率随着含水饱和度的进一步增加不但不减少，反而呈增加趋势，有时甚至超过油层电阻率值。当地层注入污水后，地层电阻率的变化比较单一，基本呈线性单调下降趋势。

由于港中油田主要为淡水水淹层，其电阻率相对于未被水淹的油层，电阻率增大，港中 8-74 底部水淹层相对于其顶部电阻率增大近 3 倍。

3．水淹层定量评价方法研究

应用测井资料定量评价水淹层，主要实质是揭示产层的剩余油饱和度。除常用的取心分析法、测—注—测分析法外，应用效果最好的当属可动水分析法。

1）可动水分析法理论基础

在地层条件下，油气水动态规律一般服从混相流体的渗流理论。根据这一理论，储集层产液性质可由多相共渗的分流量方程描述。假设储集层呈水平状，油气水各相分流量可表示为：

$$Q_o = -\frac{K_o A}{\mu_o} \cdot \frac{\delta P}{\delta t}$$

$$Q_g = -\frac{K_g A}{\mu_g} \cdot \frac{\delta P}{\delta t}$$

$$Q_w = -\frac{K_w A}{\mu_w} \cdot \frac{\delta P}{\delta t}$$

式中 Q_o、Q_g、Q_w——产层的油、气、水产量；

μ_o、μ_g、μ_w——产层的油、气、水粘度（mPa·s）；

k_o、k_g、k_w——产层的油、气、水有效渗透率（μm^2）；

A——渗流截面积（cm^2）。

由此可见，在一定压差条件下，储集层的产液性质及油、气、水产量，主要取决于各自的相渗透率、渗透截面积和流体性质。实验进一步表明：相渗透率是流体饱和度的单值函数，而且与岩石的孔隙结构、润湿性、粘度比等有关。

根据分流方程，对于油水共渗体系，储集层的产水率 F_w 可近似表示为：

$$F_w = \frac{Q_w}{Q_w + Q_o} = \frac{1}{1 + \frac{K_{ro}}{K_{rw}}}$$

分析上述各式可以看出：一个储集层到底产出油气或水，归根结底取决于油、气或水相对渗透率的大小。

在油水两相共渗体系中，假设水为润湿相，油为非润湿相。根据实验室测定，油、水相对渗透率 K_{ro}、K_{rw} 经常可以表示为具如下形式的经验关系式：

$$K_{rw} = \left(\frac{S_w - S_{wi}}{1 - S_{wi}}\right)^m$$

$$K_{ro} = \left(1 - \frac{S_w - S_{wi}}{1 - S_{or} - S_w}\right)^m \cdot \left(1 - \frac{S_w - S_{wi}}{1 - S_{or} - S_w}\right)^k$$

式中 S_w——含水饱和度。

S_{wi}——束缚水饱和度。

S_{or}——残余油饱和度。

m、n、k——经验系数,主要取决于储集层的岩石特性,三者一般具有如下关系:$m=2a$,$n=2a+k$。进一步推导,可以得出:

(1) 当储集层 $S_w = S_{wi}$,则 $K_{ro}=1$,$K_{rw}=0$,具有油层特征。

(2) 当储集层 $S_w > S_{wi}$,则 $0<K_{ro}<1$,$0<K_{rw}<1$,具有油水同层特征。

(3) 当储集层 $S_w = 1$,则 $K_{rw}=1$,$K_{ro}=0$,具有水层特征。

2)可动水分析法解释模型

根据上述原理,建立了相应的解释模型。

油层:$S_o + S_{wi} = S_o + S_w = 1$

$S_{wi} = S_w$,则 $S_{wm} = 0$

油水同层:$S_o + S_{wi} + S_{wm} = S_o + S_w = 1$

$S_w > S_{wi}$,则 $S_{wm} > 0$

水层:$S_{wi} + S_{wm} = 1$

$S_w > S_{wi}$,则 $S_{wm} > 0$

显而易见,通过测井信息处理,提供匹配的 S_w 与 S_{wi} 是解决可动水法的关键,其核心问题是如何求准束缚水饱和度。

3)束缚水饱和度定量解释方程

通过对岩心泥质含量与束缚水饱和度相关性分析,相关系数为 0.892,相关性较好。所以采用泥质含量来计算束缚水饱和度,计算公式为:

$$S_{wi} = 0.0115 V_{sh} + 0.1676$$

式中　V_{sh}——泥质含量(%)。

4. 测井资料数字处理及综合解释

应用所建立的储层参数解释模型对港中油田内 200 口井的测井资料进行数字化处理,提供了精确的储层特征参数包括孔隙度、渗透率、泥质含量、含水饱和度、束缚水饱和度等参数。在处理过程中,依据不同层位有效厚度划分标准,综合试油、生产数据,对港中油田内所有口井进行了复查,通过复查,纠正了一批解释结论与试油、生产情况不符的井层,在横向对比及纵向对比的基础上,经过油层的再评价发现了一些被遗漏的油层,为油藏精细描述奠定了坚实基础。

5.4 储层分布特征

我国陆相湖泊滩坝砂储层砂容易受沉积微相、成岩作用以及原始沉积白云质、灰质成分含量的升高的影响而导致物性变差[142-145]。而港中油田沙一段湖泊滩坝储层主要受沉积和成岩影响使得砂层的分布与储层的分布差异较大。平面上薄层滩砂以及滩坝砂内部纵向上发育干层,影响着储层三维空间内流体的存储和渗流能力。一个完整的构造油藏因为内部物性的变差及断层的分割而变得复杂。因此,展开有效储层砂岩分布研究,对于明确油砂体的展布范围具有一定的指导意义。

研究过程中绘制了沙一下段18个主要含油单砂层的砂岩等值线图、有效储层砂岩等值线图、微构造及含油面积图等基础图件;选用代表性的单砂层图件为例来阐明研究过程及储层的分布特征。

5.4.1 单砂层平面展布

1) 滨 I 时期

沉积物源主要来自北东方向,砂体主要分布在工区的北东部,向西砂体厚度减薄以至尖灭。滩砂连片性好,厚度为 1~3 m 之间,呈席状分布。坝砂呈不规则椭圆状、条带状、孤立状和连片状分布,厚度一般大于 6 m,局部可达 20 m。椭圆状坝砂呈孤立状分布。条带状坝砂一般平行于湖岸线分布,为沿岸坝或与湖岸线斜交,为侧向坝。相邻坝砂侧向叠置,形成了研究区面积广、厚度大、物性好的主力砂体。如滨 I 2^1 单砂层砂体厚度为 0.6~25.8 m,平均 2.4 m;坝砂长为 200~2 100 m 之间,平均长 600 m;宽 100~1 400 m,平均约 300 m。滨 I 3^1 单砂层砂体厚度为 0.4~14.8 m,平均 2.26 m;坝砂长为 200~1 300 m,平均长 860 m;宽 100~600 m,平均约 380 m。与滨 I 2^1 相比,该单砂层坝体规模大致相当,但含油性变差。

2) 板 3 油组

该油组共分 4 个小层 9 个单砂层,一般单砂层厚度 0.8~23.5 m,单砂体平均厚度 6.3 m。板 31^1—板 31^2 砂体零星分布,展布方向为南西—北东向。板 32^1—板 32^2 砂体向东北方向扩展,分布范围有所扩大。从板 33^1—板 33^3 砂体范围有所减小,至板 34^1、板 34^2 砂体分布范围又有所扩大。在这些砂体中，以板 32^2 砂体最为发育，其厚度为 4.1~26.4 m，平均 7.5 m，渗透率为 $(20~140) \times 10^{-3} \mu m^2$。

5.4.2 有效储层与砂岩平面展布差异分析

港中油田滨 I 油组砂体有效储层主要分布在北东方向的北三、南四断块及中部的南二、南三断块，向西南方向有效储层分布范围很局限，仅在出油井点周围发育。板3油组的有效储层分布较为零散，主要在南一、南二、南三断块。通过有效储层和砂岩厚度等值线图平面展布对比可知，在港中油田沙一段的坝主体和坝缘厚砂体区域，有效储层和砂岩在平面展布范围形态具有相似性，有效储层的零线和砂岩的尖灭线大致平行或重合；而在滩砂微相，虽然砂体分布连续，但是物性差，难以形成连片有效储层，有效储层砂体多为孤立状（图5.11）。

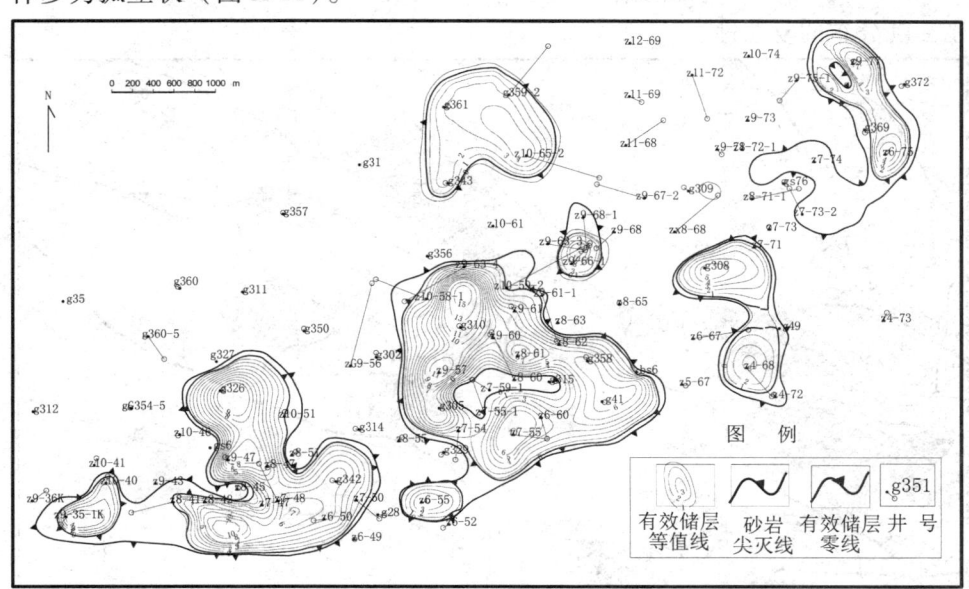

图5.11 港中油田板 34^2 砂岩与有效储层展布对比图

一般而言，导致有效储层和砂岩分布不一致的原因主要有沉积和成岩两个方面。港中油田的有效储层发育分布主要受控于沉积微相。滩坝砂沉积包括坝主体、坝缘、滩砂三种沉积微相类型，其中坝主体和坝缘微相带，水动力条件强，沉积颗粒分选好，砂体厚度大，特别是坝主体微相是有效储层最有利的发育区。而滩砂虽然分选也较好，但由于颗粒细小、岩层致密以及多与泥岩互层沉积，有效储层仅在个别层位的局部地区发育。除此之外，滩砂原始孔喉半径小、成岩作用强也是导致滩砂物性变差的重要因素。结合沉积分析可知：有利微相带的砂岩和有效储层分布广、平面上连续性较好，二者的分布具有相似性；而滩砂微相地区主要为干层，储层多呈孤立状分布，二者在平面的分布范围差异很大。

5.4.3 油砂体平面展布

滨I油组油砂体主要分布在南四断块和南二、南三断块东部，其中以南四断块最为典型，其特点是厚度大，连通性好，产能高，是港中油田的主力油层。从滨I油组9个单砂层的含油面积分布图上看，滨海大断层和港9-64井断层控制了油气的宏观分布，在断层两侧，油砂体数量多，连片分布（图5.12）；而断块内部的微构造变化、储层物性差异及小断层的发育，加剧油气分布的复杂性。

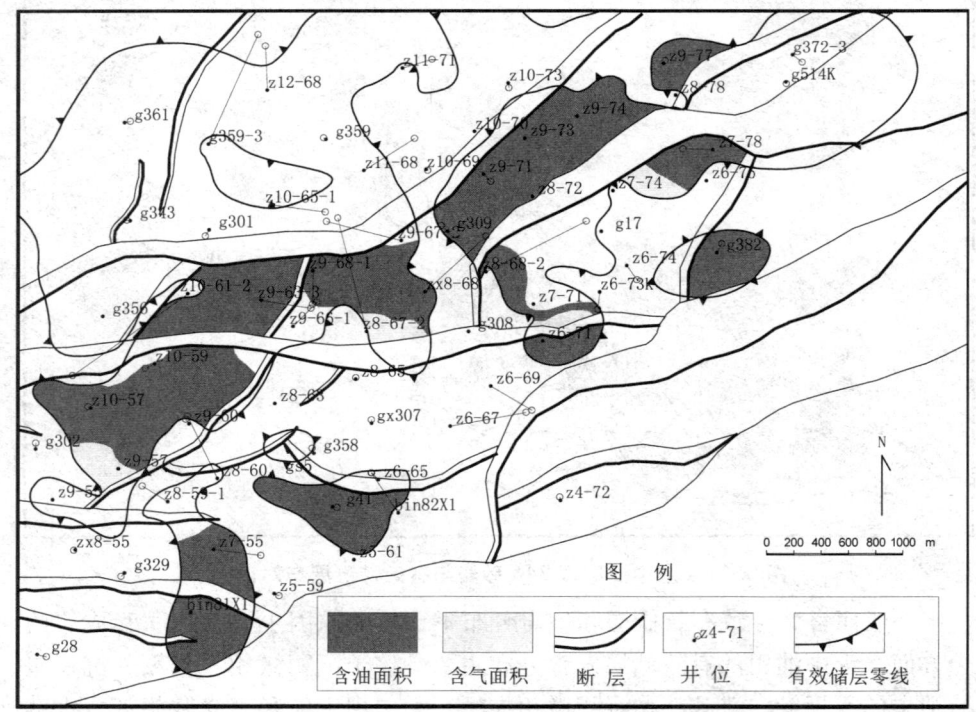

图5.12 港中油田滨I3^1油砂体分布图

板3油组油砂体主要分布在南一、南三等断块,其中以南一断块油层最为发育。其他断块板3油组仅有一些透镜状油砂体零星分布。由于板3油组滩坝砂体分布面积小,多呈孤立的土豆状分布,加之受断层与微构造的控制作用,油砂体分布比较分散,单个油砂体的面积也相对较小(图5.13)。

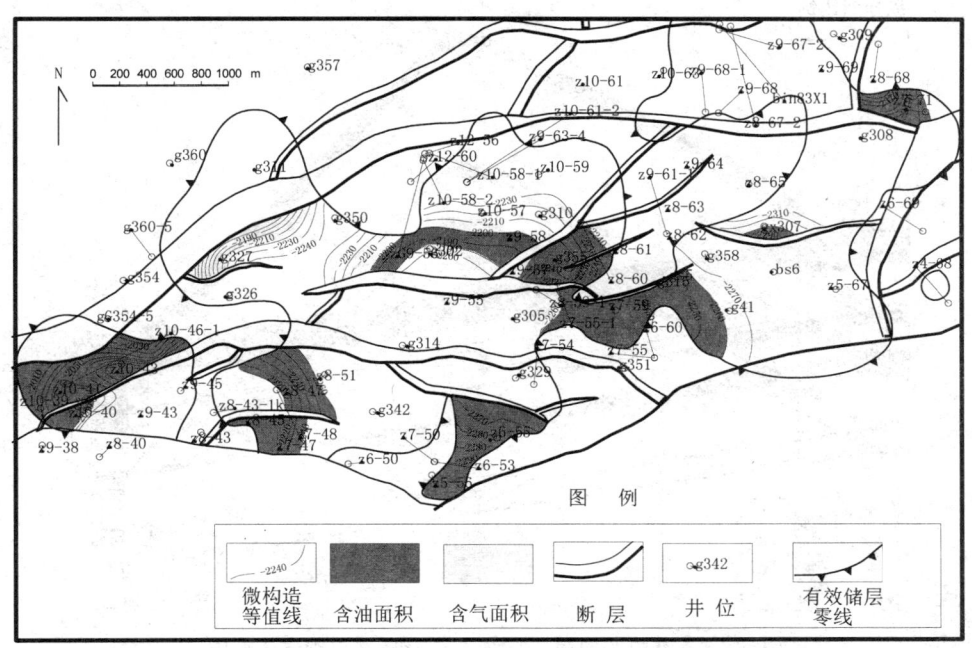

图5.13 港中油田板32¹油砂体分布图

5.4.4 砂体连通性分析

砂体连通性分析是储层描述的重要内容,同时也是油田现场关注的重要内容。进行砂体连通性分析常用方法主要包括单砂层精细对比技术、测井曲线特征精细对比、地层切片技术、三维地质建模和单砂体地震多属性聚类分析等[146]。砂体内部发育不同沉积时期的夹层和渗流屏障,上述应用方法有一定的限制,在油田上还是一般常用砂体连通图,结合动态资料来验证单砂体之间的连通关系[147]。

如图5.14所示,注水井中9-68井和采油井中9-67井、中9-69井分别位于南四断块的同一坝主体;中9-68井注入示踪剂,中9-67井监测到结果，而中 9-69 井没有监测到，表明两砂体不连通。依据井间动态监测、生产受效井分析资料以及单砂层精细对比，对南四断块滨Ⅰ油组中 9-69 井组进行了砂体连通关系的分析（图 5.14）。

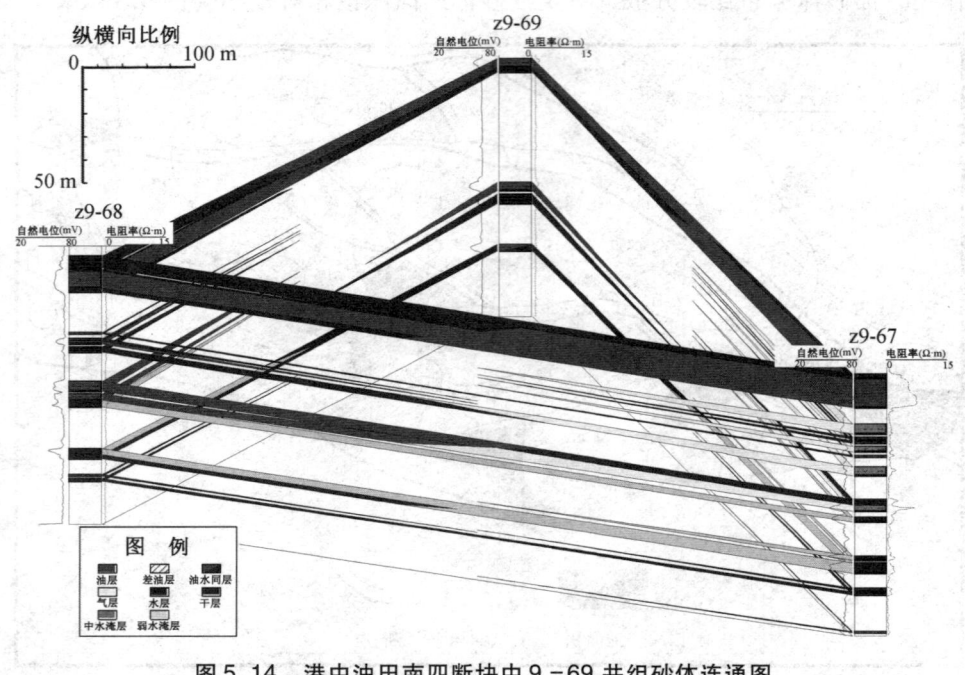

图 5.14 港中油田南四断块中 9-69 井组砂体连通图

5.5 富油砂体刻画

港中油田构造复杂，自然断块多，井网对砂体控制程度低，受断层、沉积成岩物性、微构造等多方面因素影响，各个断块油气分布极度不均一。尽管油砂体整体上分布比较零散，但也发育一些含油面积连片性好、油层厚度大、地质储量大、生产动态好的油砂体。因此，研究港中油田富油砂体的特征、平面分布，探讨油砂体油气富集因素，对于油田的挖潜很有意义。富油砂体的刻画重点要解决如下两个问题：什么是富油砂体？分布在哪里？

5.5.1 富油砂体概念、标准及其特征

港中油田沙河街组全区 388 口井控制的 611 个油砂体,地质储量 2683.22×10^4 t。统计了地质储量大于 10×10^4 t 的富油砂体,共计 64 个(占油砂体总数 611 个的 10.5%);64 个富油砂体累计储量为 1236.97×10^4 t,占全区地质储量 2683.22×10^4 t 的 46.1%。换句话说,港中油田只有 10% 的富油砂体,占了全区近一半的地质储量。因此,富油砂体是指经生产证实原始油气相对富集的油砂体。一般富油砂体具有储量大、日产高、地层压力高、稳产时间长、单层累积产量高的特点。

1. 富油砂体的两个标准

据港中油田沙一下段富油砂体的统计(表5.5),沙一下段板 3 油组和滨 I 油组共发育 37 个富油砂体,平均每个富油砂体地质储量为 18.8×10^4 t,累计储量为 695.6×10^4 t,占含油砂体总地质储量的 56.1%。依据钻遇不同单砂层富油砂体代表井的试油(或初始产量)及累产数据,平均初产为 51.0 t,单层累计产量平均 1.9×10^4 t。

表5.5 港中油田沙一段滩坝砂富油砂体统计表

单砂层	油砂体(个)	油砂体储量($\times 10^4$ t)	富油砂体(个)	富油砂体储量($\times 10^4$ t)	富油砂体储量百分比(%)	代表井单层初产油(t)	代表井单层累产油(t)
板 32^1	17	82.0	2	31.1	37.9		
板 33^1	9	60.6	2	54.5	90.0	22.9	19 397
板 33^2	7	79.2	2	43.7	55.2	47.0	9 545
板 34^1	16	89.5	2	27.9	31.2	46.0	
滨 I1	16	114.2	5	97.1	85.0	144.0	41 643
滨 $I2^1$	18	95.8	2	53.4	55.7	55.5	32 000
滨 $I2^2$	20	67.3	2	29.9	44.4	55.5	31 310
滨 $I3^1$	23	136.4	4	82.7	60.6	43.0	15 109
滨 $I3^2$	23	102.2	2	37.5	36.7	49.2	12 892
滨 $I4^1$	17	110.5	3	60.0	54.2	53.8	15 564
滨 $I4^2$	11	102.2	5	88.1	86.1	114.0	12 374
滨 I5	27	131.1	4	51.8	39.5	64.0	13 000
滨 I6	17	71.9	2	37.8	52.6		
小计	221	1 243.1	37	695.5	56.1		

根据单砂体储量结果以及 311 个单层试油资料,确定富油砂体的储量标准和试油标准:一般富油砂体的地质储量大于 10×10^4 t,试油(或初期日产)大于 20 t。

2. 富油砂体的三维显示

通过三维地质模型可以直观显示出富油砂体的三维变化。如图 5.15 所示,南四断块、北三断块沙一段共发育 5 个富油砂体。富油砂体在三维空间上,砂体厚度大、物性好,其中钻遇南四断块的 4 口油井,均获得了高产。根据这 4 口井的试油数据统计,钻遇富油砂体的井平均日产油 65.1 t、日产气 1.9×10^4 m^3、平均含水率 6.3%(表 5.6)。

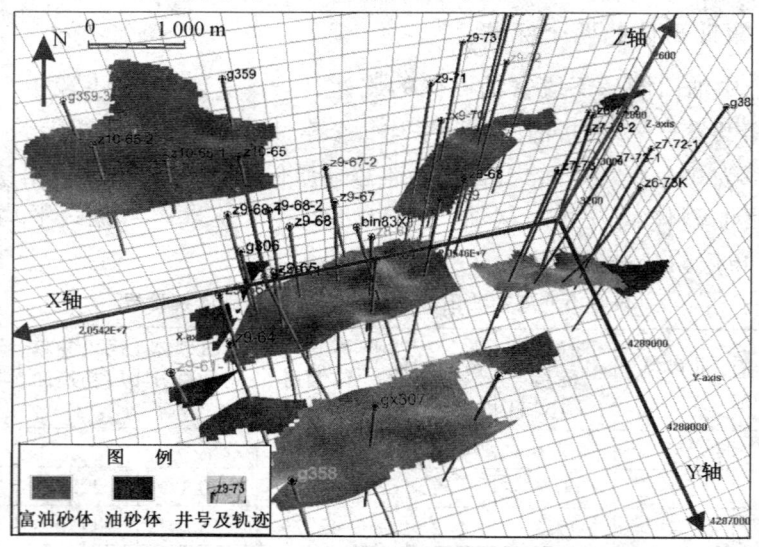

图 5.15 沙一段南四断块富油砂体三维显示

表 5.6 港中油田沙一段南四断块钻遇富油砂体产量统计

井号	射孔井段(m)	厚度(m)	产液量(m^3/d)	产油量(t/d)	产气量(m^3/d)	含水率(%)	试油日期
中 9 - 67	2 541.6 ~ 2 557.8	16.2	144.0	144.0	25 550	0.0	1973 - 11
中 9 - 67 - 2	2 498.5 ~ 2 502.1	3.6	22.0	16.1	18 458	23.2	1999 - 01
中 9 - 68	2 552.2 ~ 2 587.2	13.0	31.9	29.5	15 145	7.6	1985 - 04
中 9 - 68 - 1	2 522.5 ~ 2 542.9	17.4	84.7	83.5	17 351	1.4	1994 - 05

3. 富油砂体的压力特征

高产油层与油藏的压力场具有一定的耦合关系,并且在生产过程中,不同类型的砂体,其压力特征也不一样[148,149]。由此可见,油气富集的砂体在开采初期和开采过程中,油藏压力能指示砂体是否富集油气。以下尝试从地层压力的角度去分析油砂体油气富集与压力的关系。

一般原始地层压力数据最具有说服力,但是在油田实际应用过程中,一般把在投产初期第一批开发井测得的油层中部压力,也视为原始地层压力。此外,在油田投入开发后,在指定井点所测关井后油层中部恢复的压力值,一般代表油砂体某一阶段的地层压力。

本部分共统计了港中油田沙河街组有代表性 46 个单井的压力资料。沙一下亚段的压力测试资料有 27 个数据,其中以滨 I 油组数据最多,也最具有代表性。沙一下亚段的目前地层压力为 10.09~32.63 MPa,油藏压力基本保持在低压—中高压力的范围。由压力数据分析可大致推测出:滨 I 的原始地层压力大致在 26 MPa 附近,如中 7-73-2 井 2009 年 4 月投产,2009 年 8 月测得地层静水压力为 26.41 MPa。沙一下亚段油水井的压力大多都超过 15 MPa,一般都在 22 MPa 附近,地层能量水平保持较好。钻遇富油砂体的油井一般测试的地层压力也比较高,如港 359 井区的港 359-3 井 2009 年 5 月投产半年后测试压力为 22.92 MPa,港 359-1H 井 2011 年 5 月关井液面恢复测试地层静压为 22.42 MPa。

港中油田沙河街组油藏压力测试数据表明,钻遇富油砂体的油井,在开采初期以及开采过程中,表现出较高的压力特征;而钻遇一般油砂体的油井,地层压力较低(表 5.7)。其原因在于:富油砂体具有油层厚度大、分布范围广、砂体井间连通性好,注采对应关系好,因而地层压力得以保持。同时,较高的地层压力又为油井的高产、稳产奠定了坚实的地层能量基础。

表 5.7　港中油田沙一段地层压力统计

序号	井号	投产日期	测压日期	地层压力(MPa)	砂体类型
1	中 6-74-1	2008-05	2008-07	32.64	富油砂体
2	中 7-73-2	2009-04	2009-08	26.41	富油砂体
3	中 10-59-2	2008-12	2009-01	25.26	富油砂体
4	中 9-61-1	1995-08	2005-05	27.88	富油砂体
5	中 10-65	1976-10	2007-09	22.27	富油砂体
6	中 9-63-2	1996-04	2001-02	16.81	油砂体
7	中 10-61-2	1996-12	2001-03	17.24	油砂体
8	中 9-63-3	1996-05	2008-03	10.97	油砂体

5.5.2 富油砂体分布特征

港中油田沙一下段板 3 油组富油砂体有 8 个，滨 I 油组富油砂体有 30 个。其中以滨 I 1、滨 I 3^1、滨 I 4^1、滨 I 4^2、滨 I 5 五个主力单砂层最为集中（表 5.5，图 5.16~图 5.20）。

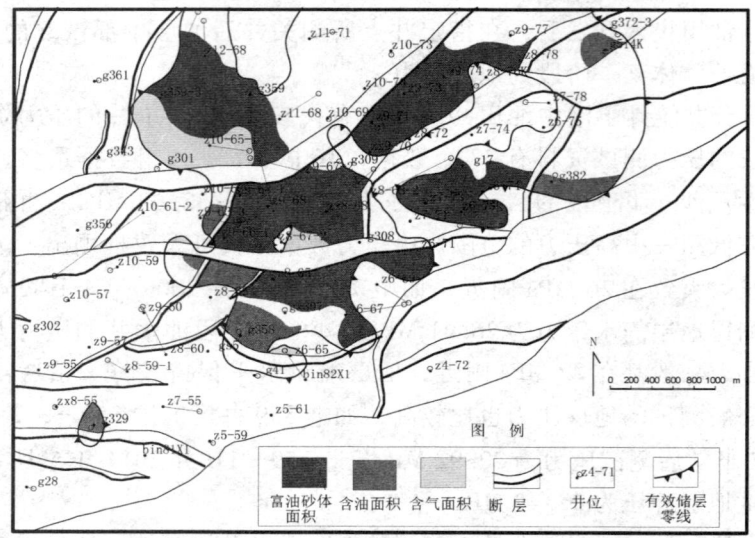

图 5.16　港中油田滨 I 1 富油砂体分布图

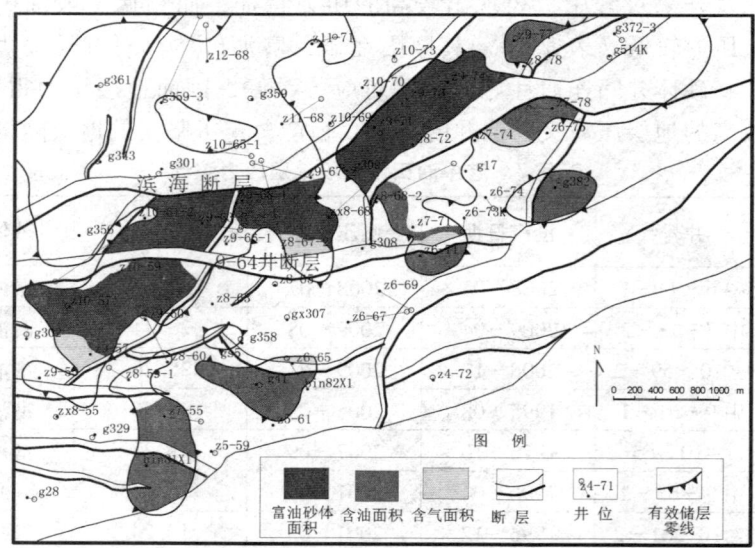

图 5.17　港中油田滨 I 3^1 富油砂体分布图

第5章 滩坝砂富油砂体刻画及控油模式

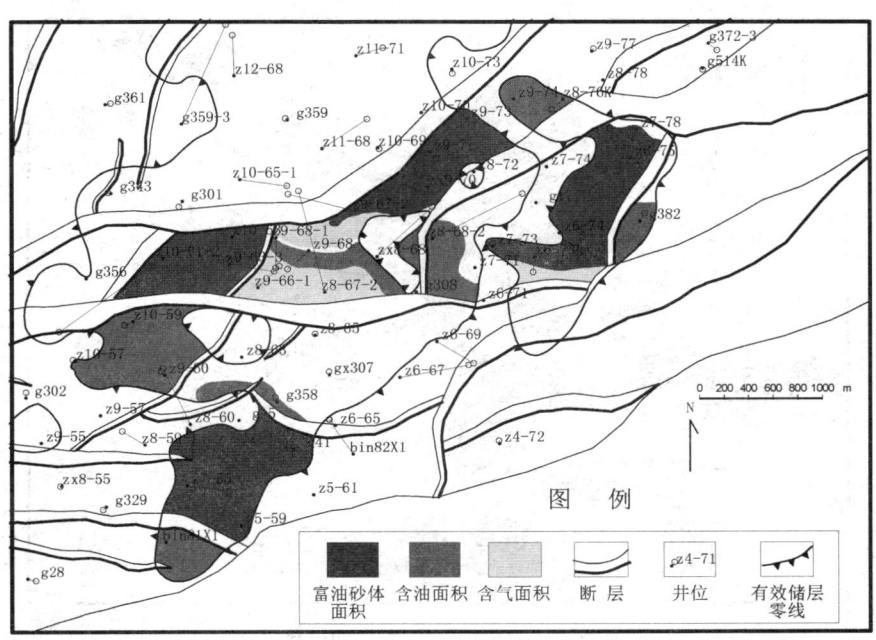

图5.18 港中油田滨 $I4^1$ 富油砂体分布

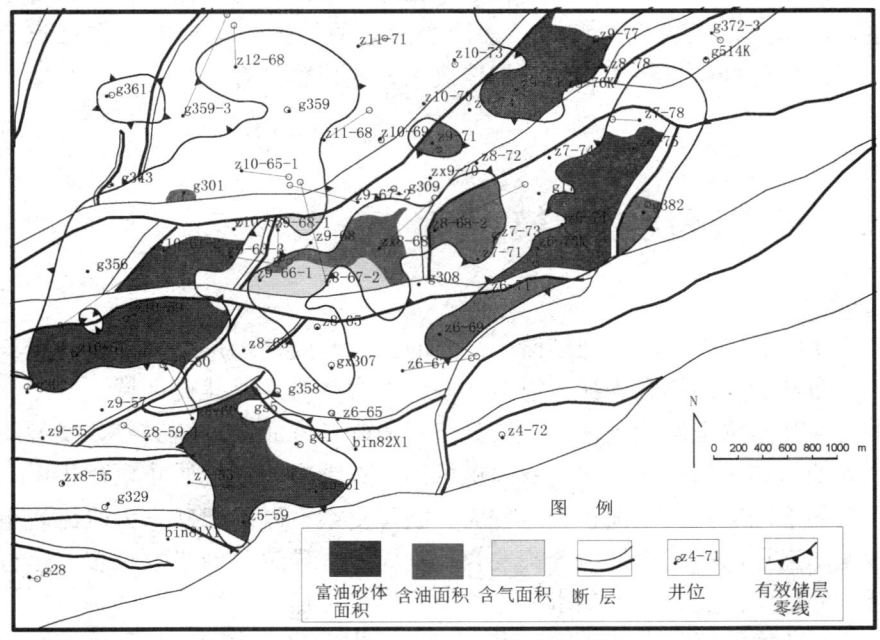

图5.19 港中油田滨 $I4^2$ 富油砂体分布

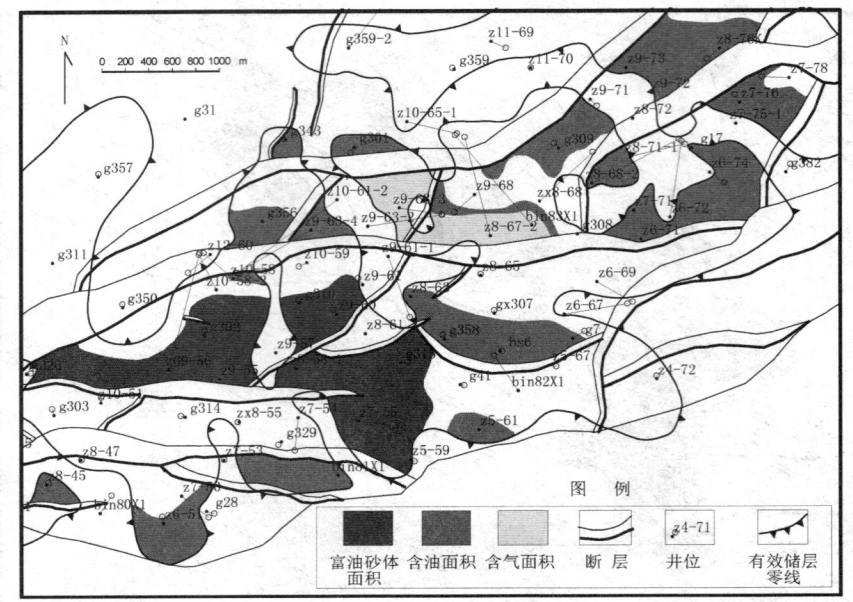

图 5.20　港中油田滨Ⅰ5富油砂体分布

根据生产动态、砂体厚度、沉积微相综合分析认为，港中油田富油砂体在生产动态上，表现出初产高、累计产量大的特征，这是由于在沉积相带上，富油砂体处于优势相带，油层厚度大，储层物性好。

5.6　重点区块三维模型

建立储层三维地质模型是储层研究的核心，同样也是刻画储层砂体三维空间分布和变化的综合表征。以富油砂体发育区为主要建模区域，通过三维地质建模从三维空间刻画油砂体的分布；另外一方面通过储层参数模型的建立，为油田储量精算和二次开发提供依据。在港中油田地质建模过程中，主要面临如下问题：工区面积相对较大，断层复杂；厚层坝砂-大段泥岩组合和砂泥薄互层的两类岩性组合都发育，垂向细分导致总网格数量多，运行效率低；储层空间变化大、油水分布复杂，模型可信度不高。

目前建模的资料、方法比较多[150-155]。本次建模中采用分层分区、重点连片、整体建模思路；综合地震、测井、地质资料、动静结合、相控模拟、随机模拟及地震约束相结合建模方法,重点建立了港中油田沙一段南一断块—南六断块及北三断块的滨Ⅰ油组的模型。

5.6.1 地层构造模型

借助单井分层数据,以精细地震解释构造资料为基础,落实 134 口单井上 159 个断点数据,微调 19 条断层,建立港中油田滨Ⅰ油组的构造模型(图 5.21);并运用隔夹层建模方法,按照单砂层等时地层格架,得到地层模型。

建模工区面积 42.86 km^2,地质储量 856×10^4 t,控制井数 256 口,发育 9 个单砂层,19 条断层,模型精度为 30 m×30 m×0.5 m。考虑到后期数模的快速收敛性,在滨Ⅰ模型网格化时,设置网格的 I 方向保持与滨海主断层走向一致,同时也与北东物源方向一致,保证了骨架网格与构造沉积物源的一致性。另外,设置多个不同分区,调整模型整体网格方向与角度的一致性,在角点及断层边部进行异常网格剔除,保证数模快速收敛。

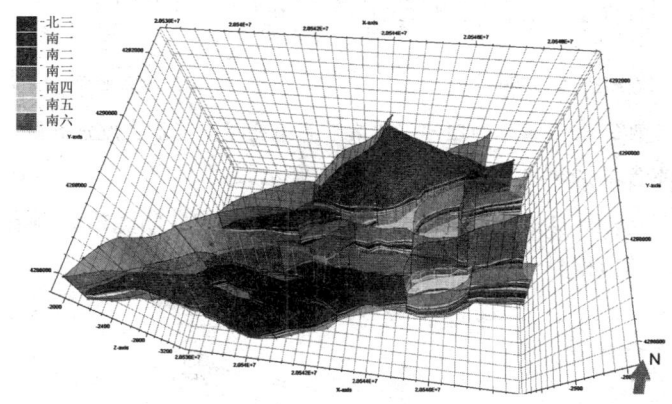

图 5.21 港中油田构造模型

5.6.2 属性模型

在地层构造模型的基础上,利用平面沉积微相对岩相模型进行校正,建立三维岩相模型;按照不同的相带分别进行变差函数分析,得到滨Ⅰ油组各个单砂层泥质含量、孔隙度、渗透率的变差函数分析结果。如对滨Ⅰ1 单砂层孔隙度变差函数分析表明,孔隙度主变程为 446.5 m,方向为 252°;次变程为 255.5 m，方向为 162°；垂向变程为 13.2 m。主变程的方向与沉积砂体的展布方向、物源方向基本一致，符合地质认识（图 5.22）。

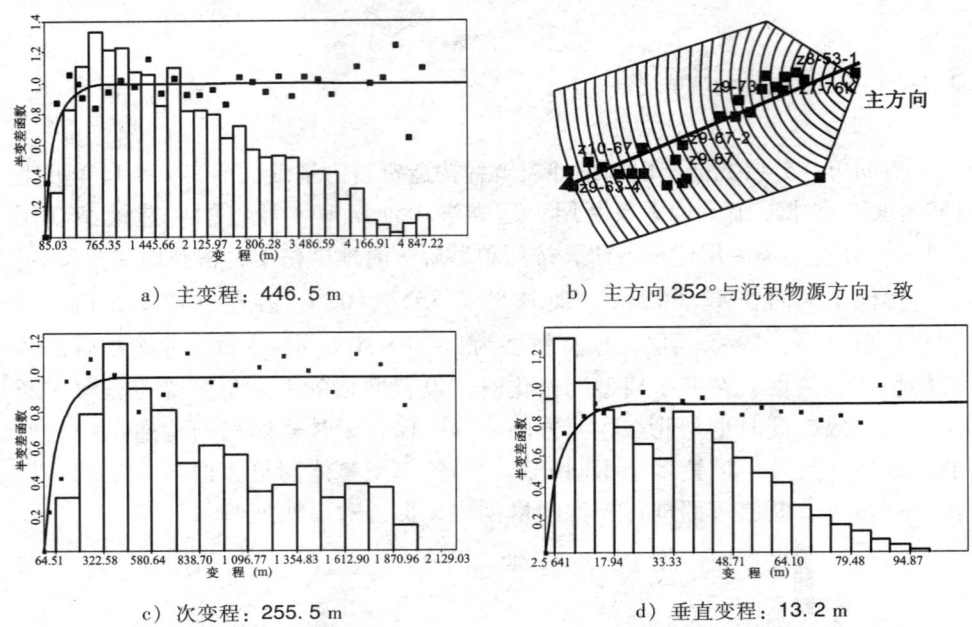

a）主变程：446.5 m

b）主方向 252°与沉积物源方向一致

c）次变程：255.5 m

d）垂直变程：13.2 m

图 5.22　港中油田沙一段滨 I 油组孔隙度变差函数分析图

以油砂体含油边界为约束，采用镂空显示技术，可以直观地观察到砂体的三维空间分布（图 5.23）。最后采用相控约束、序贯高斯随机以及孔隙度－渗透率协同方法，模拟得到了孔隙度、渗透率等三维属性模型（图 5.24，图 5.25）。

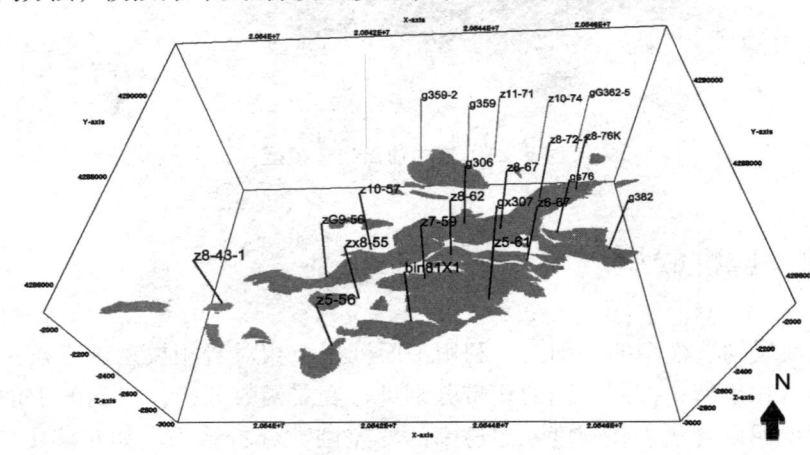

图 5.23　港中油田油砂体三维镂空显示

第 5 章 滩坝砂富油砂体刻画及控油模式

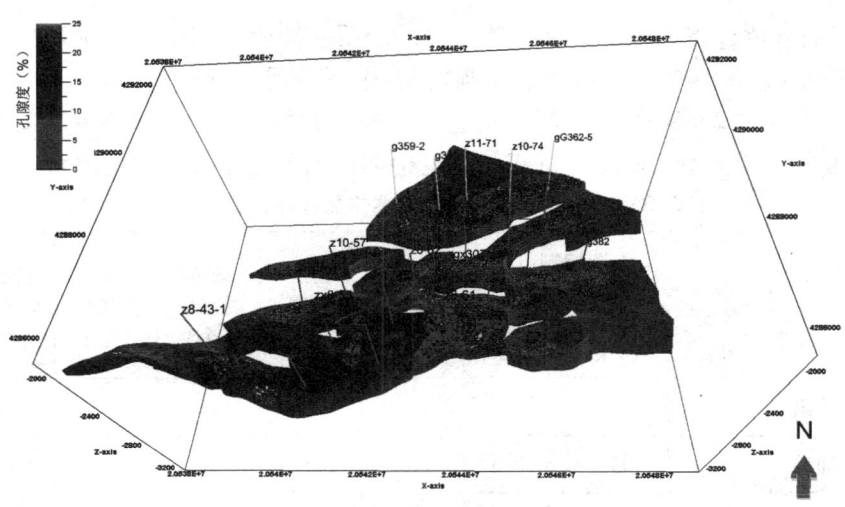

图 5.24 港中油田沙一段滨Ⅰ油组孔隙度模型

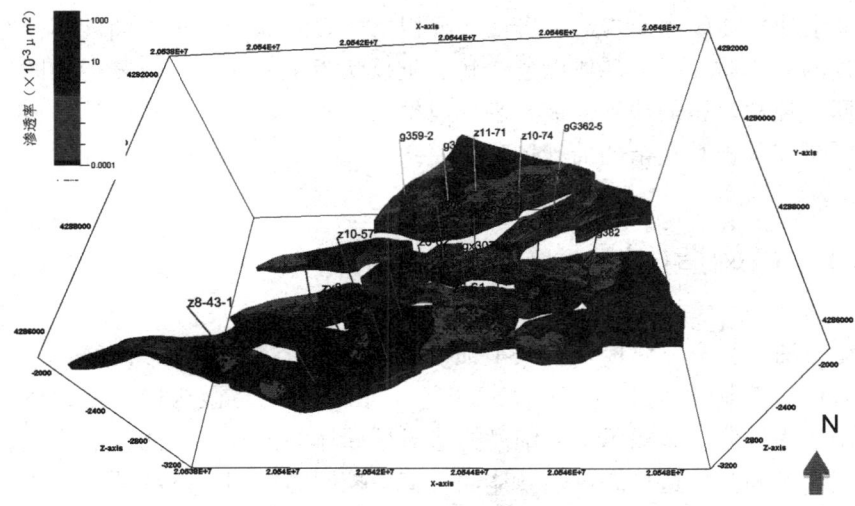

图 5.25 港中油田沙一段滨Ⅰ油组渗透率模型

5.7 单砂体油气富集主控因素及控油模式

结合沉积、构造、岩性等因素，对港中油田沙一下段 18 个重点单砂层

254个油砂体分布进行了系统统计，结果表明：港中油田254个油砂体，受断层控制占16.14%，受微构造控制占37.01%，受成岩控制占13.39%，受沉积相控制占20.87%，受岩性构造等复合因素控制占12.60%（表5.8）。由此可见，微构造、断层、沉积相是港中油田油砂体富集的主要因素。

表5.8 港中油田沙一段单砂体主要控油因素统计表

层位	微构造控制（个）				断层控制（个）	成岩控制（个）	沉积微相控制（个）	复合因素控制（个）
	鼻状构造	斜面构造	局部高点	负向微构造				
板3油组	3	8	10	2	13	13	20	14
滨I油组	25	17	21	8	28	21	33	18
合计	28	25	31	10	41	34	53	32

港中油田油砂体受构造、岩性、沉积及成岩的综合作用，油砂体分布具有很强的非均质性。油砂体以条带状、土豆状为主，并且多被复杂的断层切割，原本连片分布的油砂体被分割成规模大小不一、零散分布的油砂体，并形成了研究区极其复杂的油砂体分布模式。

5.7.1 微构造控油

港中油田沙一下段板3和滨I油组发育254个油砂体，共有94个油砂体受微构造控制，所占百分比为37.01%。由此可见，微构造对油砂体的控制作用最为显著。为揭示不同细微构造对单砂体的油气富集的控制作用，又分别统计不同微构造形态对油砂体油气富集控制的比例，据统计鼻状构造控油占11.02%，斜面构造控油占9.84%，局部高点控油占12.2%。

微构造对油气的控油作用，以断鼻构造和局部高点最为明显（图5.26）。在局部小高点、砂体高部位控油形成气（环）油（环）水分布模式。受断层及砂体顶面微构造的控制形成的断鼻构造，也是港中油田重要的单砂体控油模式之一。此外，砂体整体上比较平缓，构造等高线大体平行等间隔分布，局部范围内呈单斜趋势，整体上具有油高水低的分布特征，油水界面大致平行于等高线，部分单砂体存在油水过渡带，形成斜面构造控油模式。

第 5 章 滩坝砂富油砂体刻画及控油模式

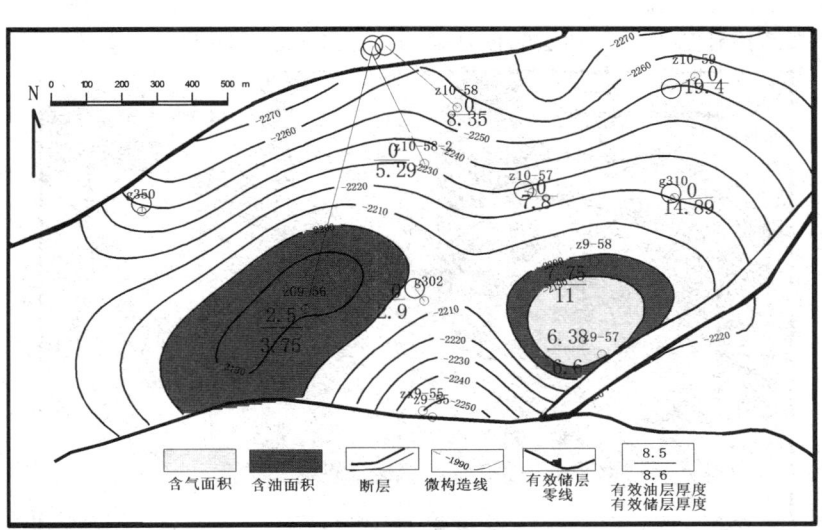

图 5.26 港中油田局部高点控油

5.7.2 断层控油作用

断层对油气富集的控制作用，体现在两个方面：大断层控制住油气的宏观分布；小断层的发育导致油砂体分割较强烈，油水关系复杂，影响着内部油水分布及油水界面。

大断层的控油体现在：断层的活动期控制油气富集与分布层位；主断层往往控制储层的沉积厚度，接近主断层的根部储层较厚，也是油气富集高产区。在主断层两侧，断层活动强烈，油气分布集中，含油层系多，砂体油气富集程度高；而在远离主断层的构造带翼部，断层较少，砂体油气富集程度低。在滨Ⅰ1、滨Ⅰ3^1、滨Ⅰ4^{1}等单砂层的富油砂体分布图上分析可知，南四和南三等断块受滨海断层、中 9－64 井控油断层的控制，断块整体含油好。如在图 5.17 中，由于滨Ⅰ3^1 断层的封闭遮挡作用，形成控制油气富集的天然屏障，在控油断层的两边，只要有砂体发育的部位，都是富油砂体分布的部位，油水的分布主要受断层的影响，在平面上油水界面与断层边界基本一致。

此外，断层的抬升作用控制着构造高部位的断块含油性。如板 32^1 单砂层中 10－41 井、中 10－43 井区钻遇的油砂体与中 9－41 井区不含油的砂体相比，二者都为坝砂体，位于有利的微相部位，而且砂体的平均厚度大体相当；但是北东部的砂体含油，断层南部的砂体基本上不含油。分析其原因，受断层的作用，北部砂体整体抬升约 30 m，断层的抬升是油气富集的控制因素（图 5.27）。

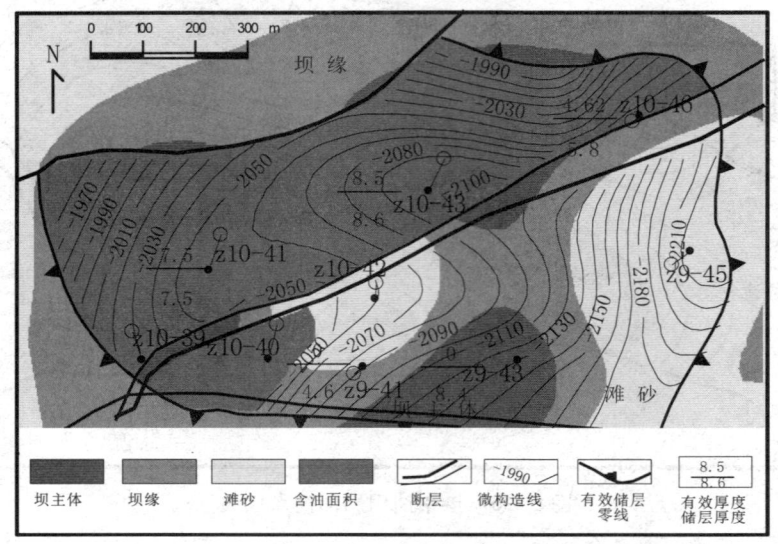

图 5.27　港中油田断层抬升作用控制单砂体油气的富集

5.7.3　沉积微相对单砂体油气富集的控制

从宏观上讲，沉积微相控制了砂体的发育，砂体又控制了物性的分布。物性的差异导致储层质量的差异，最终又影响了砂体含油性的差异。从港中油田实际情况来分析，在滨I油组的滩坝砂体，含油性受沉积微相控制作用更为明显。

滨 I 油组的滩坝砂体中，坝主体和坝缘是有利相带，滩砂为差的相带。沉积相对单砂体油气富集的控制作用表现在，差的微相带砂层薄，一般均为干层，而在好的相带含油性都比较好。图 5.28 为滨 I 1 单砂层干层分布和油层分布在沉积微相图上的叠合图，图中油层大多分布在坝主体和坝缘 2 个有利相带，而干层大多分布在滩砂差的微相带。由图可见，在港中油田沉积微相的类型控制着单砂体的油气富集。

此外，有利微相类型与储层孔隙度、渗透率及含油饱和度之间具有较好的变化关系。从滩砂—坝缘—坝主体，砂体泥质含量逐渐降低，而孔隙度、渗透率依次升高，原始含油饱和度具有依次变好的特征（图 5.29）。从砂体物性的平面图上分析，砂体厚度大的井区是储层孔隙度大、渗透率高的位置，同时也是含油饱和度高值的分布地带。滩坝砂体的原始含油性明显受储层微相类型控制。

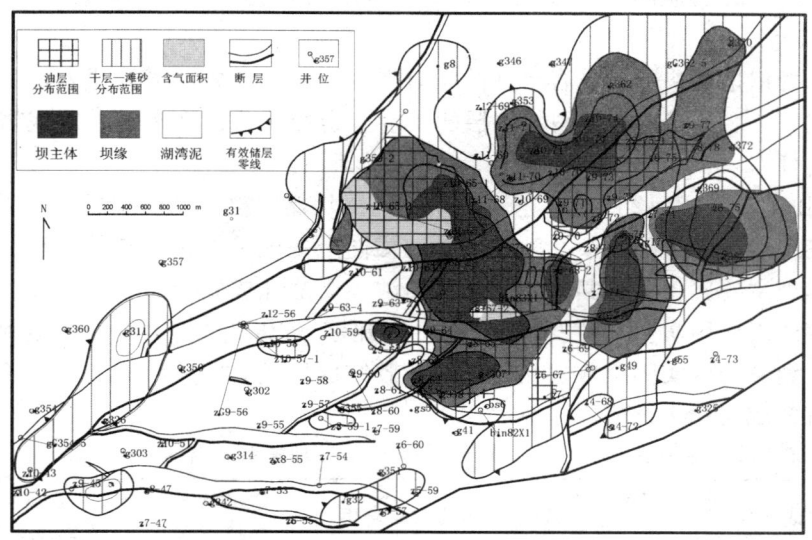

图 5.28　港中油田滨Ⅰ1沉积微相控制单砂体油气的富集

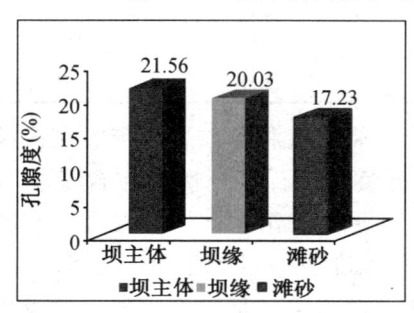

a）孔隙度

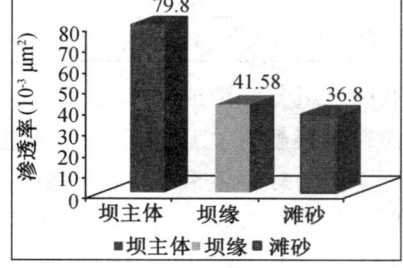

b）渗透率

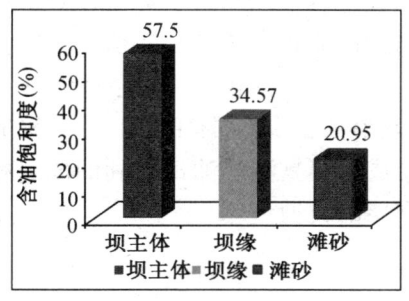

c）原始含油饱和度

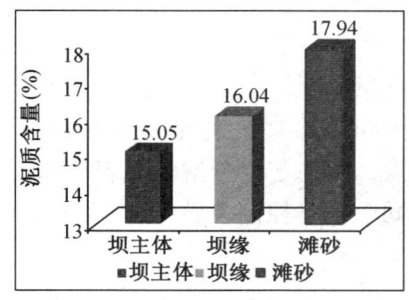

d）泥质含量

图 5.29　港中油田储层微相类型与储层物性含油性变化关系

5.7.4 成岩相对单砂体油气富集的控制

成岩相是反映不同成岩事件的相对强度、沉积成岩环境和成岩产物的综合表现[107,156]。成岩相类型与储层的质量有密切关系,许多学者对成岩相进行了划分。

刘康宁等(2012)通过东营凹陷不同滩坝储层次生孔隙和成岩作用的研究,发现滩坝砂体的次生孔隙发育带在横向上呈现出带状分布的特征,指出近岸滩坝主要属于酸碱共同作用,砾质滩坝受酸性成岩控制,远岸滩坝则多为碱性成岩作用次生孔隙发育带[157]。苏妮娜(2009)将大港油田沙河街组碎屑岩划分为压实固结成岩相、碳酸盐胶结成岩相、弱胶结成岩相、不稳定组分溶蚀成岩相4种成岩相类型[108,158](表5.9)。

表5.9 港中油田沙一下段成岩相与砂体含油性关系(据苏妮娜,2009)

四种成岩相	不稳定组分溶蚀成岩相	弱胶结成岩相	碳酸盐胶结成岩相	压实固结成岩相
主要分布层位	滨Ⅰ	板3	滨Ⅰ、板3	板3
砂体主要类型	坝主体	坝缘	滩砂	滩砂、
砂体含油性	最好	好	一般	差

不稳定组分溶蚀成岩相构成了沙河街组储层有利的成岩相带。在该成岩相带,颗粒接触方式以颗粒支撑为主,石英、长石等刚性颗粒含量相对较高,抗压能力较强,利于原生孔隙的保存;同时,溶解作用较发育,有利于形成良好的次生孔隙。该成岩相储层的孔隙度值一般大于20%,渗透率值大于$100\times10^{-3}~\mu m^2$,一般形成于坝主体等砂体中,是研究区最好的成岩相类型。弱胶结成岩相常出现在坝缘微相砂体中,一般孔隙度大于18%,渗透率大于$10\times10^{-3}~\mu m^2$。此类成岩相是港中油田较好的成岩相。薄层滩砂受强烈的碳酸盐胶结作用,一般孔隙度值小于15%,渗透率值在$1\times10^{-3}~\mu m^2$左右,是研究区最差的储层,具有强胶结、弱压实、弱溶解的成岩特点。不稳定组分溶蚀成岩相和弱胶结成岩相是港中油田有利的成岩相类型,同时也是控制单砂体油气富集有利储层的类型。

5.7.5 富油砂体控油模式及潜力意义

对于滩坝砂控油模式的研究,大多是从成藏角度去研究油气富集因素[159]，而从单砂体角度研究的较少。滩坝砂油气的富集受多种因素的控制，有多种表现模式。综上所述，港中油田沙一下段滩坝砂体油气富集以沉积相控、成岩控油、断层控油、微构造控油及构造－岩性控油为最主要的控油模式（图5.30）。

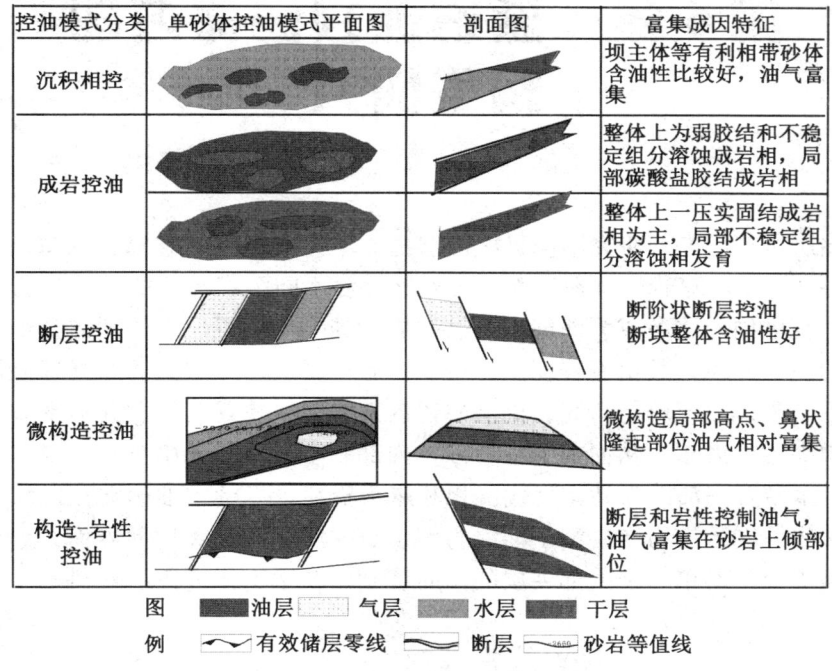

图5.30　港中油田单砂体油气富集模式图

目前对剩余油研究，大多都是从注采井网控制程度、层间干扰、井筒污染及已动用油层平面和厚度等4个方面来分析，研究的对象是现有已知的油砂体；然而对油田范围内地下储层内尚未钻遇、发现的这一类属于"灰色"系统剩余油砂体则关注不多。这些新发现的油砂体以及尚未发现的潜力油砂体，同样属于剩余油的范围，并且是油田开发地质现场工作重要的一个内容。

港中油田富油砂体在储量构成、生产开发、剩余油定量研究中占据很重要的地位，然而恰恰是这些最重要的富油砂体没有得到足够的重视。因此，通过富油砂体的刻画，总结其控制因素和控制模式，可以更好地为寻找潜在剩余油目标砂体服务；其次通过油砂体储量的复算，定量测算出油砂体的剩余可采储量，有助于剩余油描述的定量化。

第6章 湖泊滩坝砂体内部构型研究

储层构型研究是研究不同级次储层构成单元的形态、规模、方向及其叠置关系[160,161]。随着构型理论深入发展，针对不同沉积环境的砂体进行构型研究，在国内外逐渐成为油气田开发地质学的一个热点。富油砂体是油田生产中的主力砂体，其水淹程度高，剩余油分布复杂；迫切需要开展以储层构型为主的砂体内部解剖研究，搞清砂体内部界面、叠置关系和几何形态，以及层内夹层的展布，从而揭示主力砂体内部剩余油分布规律。

本章结合湖泊滩坝砂体现代沉积和露头资料，以港中油田北三断块、南四断块密井网区主力产层滨Ⅰ油组为例，研究滩坝砂各级构型界面，划分单井构型单元，对单一坝内部夹层的倾向、倾角及增生体进行了解剖。

6.1 滩坝砂构型模式的定性认识

6.1.1 青海湖现代沉积资料

青海湖属于断陷湖盆，与港中油田所处的黄骅坳陷沙河街在湖盆类型具有相似性，并且二者在演化阶段也具有可比性。全新世以来，青海湖周围山地继续上升，气候日趋干燥，导致湖水面积缩小，湖水位下降[162,163]。在现在的湖平面以上，原来沉积发育的滨浅湖滩坝砂沉积，露出水面，成为砂体解剖良好的素材。

在青海湖滨浅湖地带形成成行排列的沿岸砂坝，东岸和北岸砂坝的分布比西岸和南岸的普遍要发育，砂坝条数多而且高度大。如在海晏湾发育6条砂坝，高度大于 10 m，延伸可达 3.75 km。整体上，青海湖沿岸砂坝一般发育 3~6 条，坝高一般在 10~15 m，坝宽 100~500 m，坝的长度从四千米到几十千米不等；坝的方向与盛行西北风几乎垂直或呈高角度斜交；沉积层序向湖倾斜，坝砂的倾角 5°~12°；主要发育交错层理、斜层理和平行层理。

青海湖坝砂以位于东南岸的二郎剑坝砂最为典型。坝砂一端伸向湖中，另一端与湖岸斜交，在地貌上形成砂嘴形态，在外观上与长剑形状极为相似。受湖浪拍打湖岸产生沿岸流，携砂向湖沉积，坝砂体每年仍继续向湖方向延伸生长。二郎剑坝砂厚约 10~20 m，宽约 80~200 m，长约 25 km；向湖坡缓约 8°，背湖坡陡约 12°[128]。二郎剑坝砂是青海湖单一坝现代沉积的典型代表，在平面呈条带状展布。在剖面上沉积的层序分明，依据砂体内部沉积界面可以划分 4 期坝的增生体。钙质胶结的夹层岩性致密，耐风化，在剖面上断续延伸，夹层向湖盆方向倾斜，倾角小（图 6.1）。

图 6.1　青海湖二郎剑坝解剖
（据中石油西北分院，2003，有修改）

在坝砂体内部钙质夹层常见（图 6.2）。由于湖水含盐度高，露出水面近地表的松散沉积物与湖水相互接触，将湖水输送到近地表蒸发，起到一个蒸发泵作用，使湖水中的盐分及其他矿物质不断浓缩，使砂砾固结成岩，俗称钙质砂岩。钙质夹层出现代表着短期干旱环境的变化，一般和 3 级界面大致相当。

图 6.2 青海湖滩坝砂钙质砂岩
（据大港油田，2006，有修改）

6.1.2 滩坝砂露头资料

以美国大盐湖滩坝露头资料为例，分析滩坝砂体沉积序列及砂体的接触关系。大盐湖是北美洲最大的内陆湖，位于美国犹他州西北部风华达山和瓦萨启山之间的盆地中，大约在更新世时期发育砾质滩坝沉积。垂向剖面看，滩坝沉积可以依据岩性和沉积构造划分为三段沉积序列（图 6.3）：底段以粉砂岩及细砂岩沉积为主，低角度层理发育；中段为含砾粗砂岩沉积，发育波状层理、浪成沙纹层理；上段为砾岩层沉积，砾石磨圆度较高，分选差，发育向湖盆方向倾的低角度层理，倾角在 10°左右。砂体整体上向湖一侧坡度缓，背湖一侧坡度陡；砂体与砂体之间呈斜列状前积的关系接触。

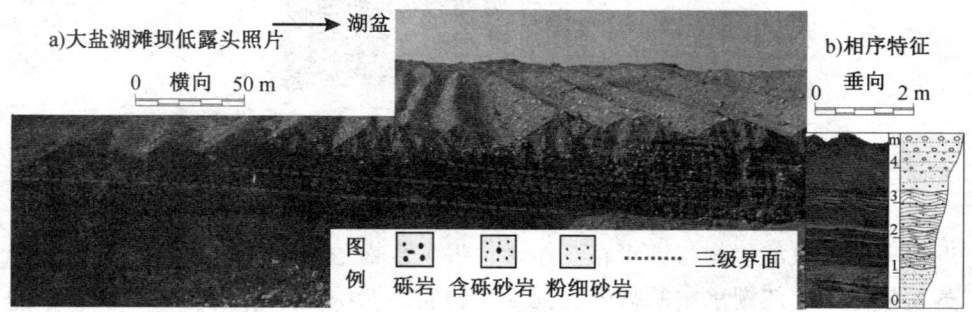

图 6.3 大盐湖滩坝露头解剖（据王升兰，2008，有修改）
a）露头上段照片；b）露头垂向相序特征；

6.1.3 单一坝内部构型模式定性认识

在复合坝内部根据泥岩界面的识别特征，可以划分出单一坝；然后在单一坝内部，又依据 3 级界面划分出单期或多期增生体。在湖平面相对静止或缓慢下降的过程中，砂体在湖盆方向形成侧积，在顶部形成垂向加积，形成底平顶凸的楔状体，单一坝在剖面上呈斜列状排列；单一坝内部增生体之间发育泥质或者钙质夹层，界面对应于 Miall 的 3 级构型界面；夹层的倾角在坝缘为近水平，在坝的中心呈低缓角度向湖盆方向延伸（图 6.4）。

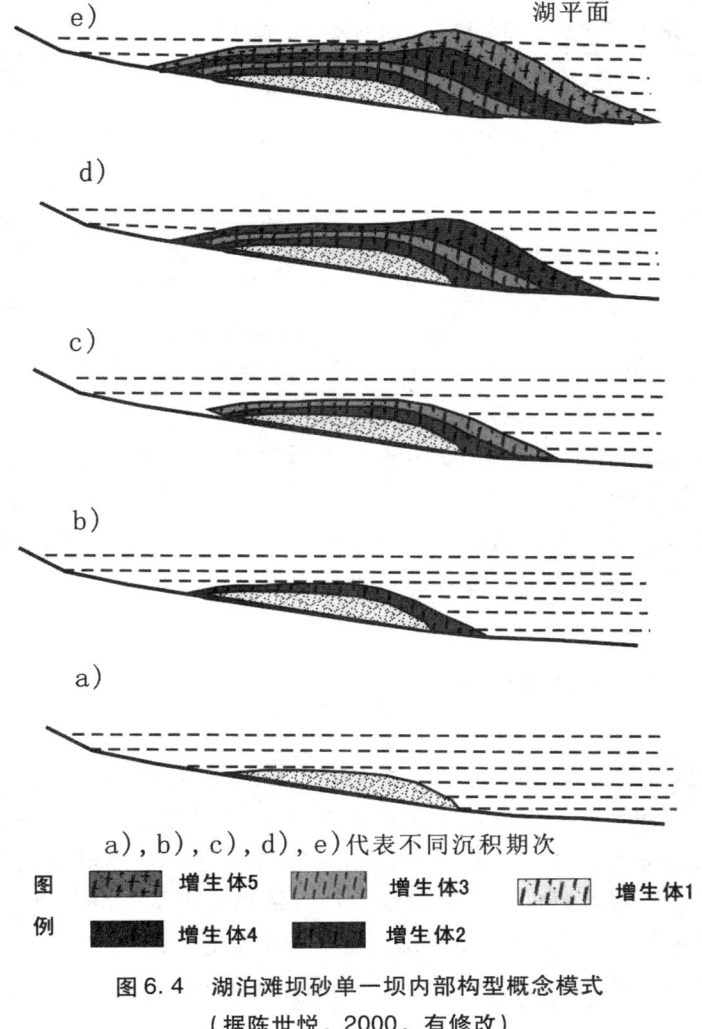

图 6.4　湖泊滩坝砂单一坝内部构型概念模式
（据陈世悦，2000，有修改）

6.2 构型界面识别与构型单元划分

6.2.1 表征层次的确定

港中油田目前通过细分小层到单砂层级别，研究的层次仍然是坝复合体。油田目前处于开发中后期阶段，从实际生产状况和注水开发的需求看，很有必要对坝复合体进行单一坝和内部增生体的表征（表6.1）。

表6.1 陆相主要沉积储层构型层次划分对比表（据吴胜和，2010，有修改）

构型界面	曲流河	三角洲	滩坝
6	河道带/河谷	三角洲体	大型滩坝复合体
5	河道	坝复合体/水道复合体	滩砂/坝复合体
4	点坝/废弃河道	单一坝体/分流河道	滩/单一坝
3	侧积体/侧积层	韵律层	增生体

但是就港中油田沙一段工区的实际情况考虑，难以全区进行构型的研究，主要存在两个实际困难：一是井距仍然偏大，全油田平均井距350 m左右，就单纯在同一个小断块内部的井网最密几十口井，其平均井距也在180 m，井间构型解剖难度大。二是断层发育，制约着砂体的精细解剖。因此，主要选择构造平缓区重点开发井组的典型坝砂体为例，利用取心井、对子井、水平井等资料来进行滩坝砂内部构型的解剖。

6.2.2 界面的识别与划分

6级构型界面为小层间稳定发育泥岩段；4级界面为单砂层之间的泥岩夹层或沉积界面。在港中油田滩坝砂3级界面识别中总结出6种识别特征：取心井的岩心标志；测井解释薄层泥岩夹层的发育；自然电位曲线的回返；储层低渗透带；吸水剖面、产液剖面中内部流体流动的差异界面；同一砂体内部不同水淹层段之间的差异界面。据56口井统计，3、4级界面识别中，泥岩夹层明显的占32%，自然电位曲线回返明显的占47%，低渗透带明显的占21%（图6.5~图6.7）。

第 6 章　湖泊滩坝砂体内部构型研究

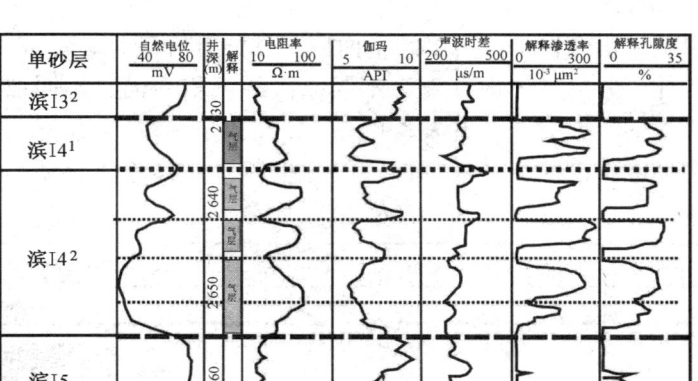

图 6.5　港中油田 3 级界面——泥质夹层明显（中 9-68-2 井）

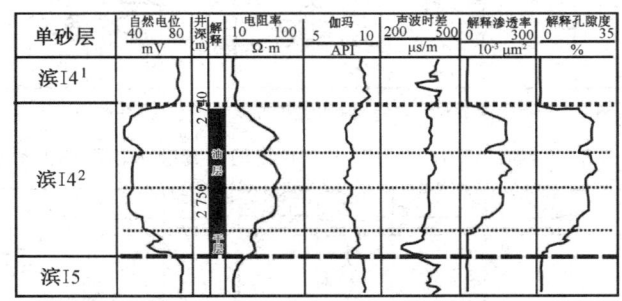

图 6.6　港中油田 3 级界面——SP 曲线回返明显（中 9-76 井）

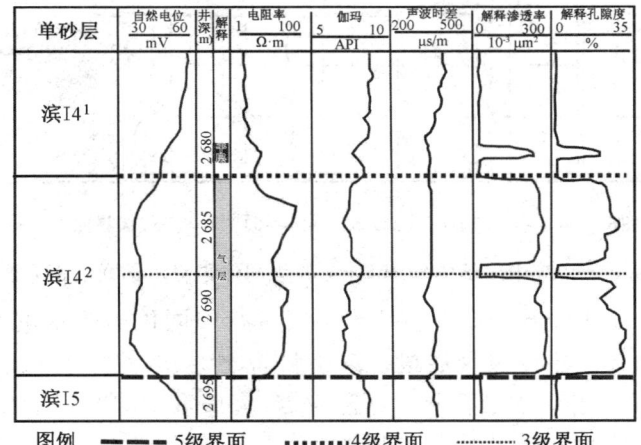

图 6.7　港中油田 3 级界面——低渗透带明显（中 8-67-1）

在滩坝砂沉积过程中，由于湖平面周期性的升降变化，形成不同期次不同规模的砂体，并且砂体内部发育不同级次的沉积界面、不同成因的夹层。这种不同级次的界面对注水开发影响很大，在生产动态上具有明显的特征。因此可以借助吸水剖面、产液剖面资料分析砂体内部流体流动的差异界面，来综合识别3级界面（图6.8～图6.10）。

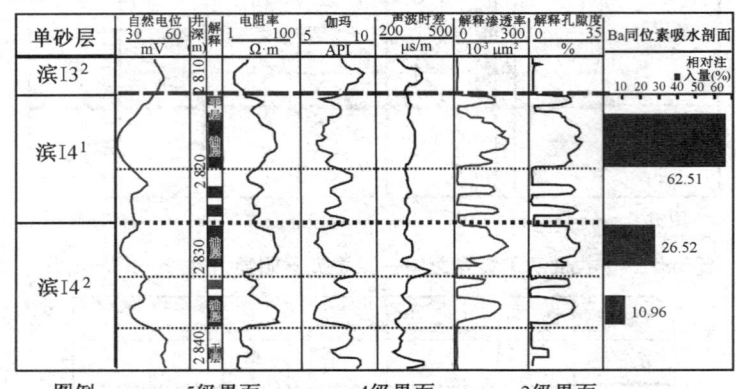

图6.8 港中油田中10-61-2井钡同位素吸水剖面识别界面

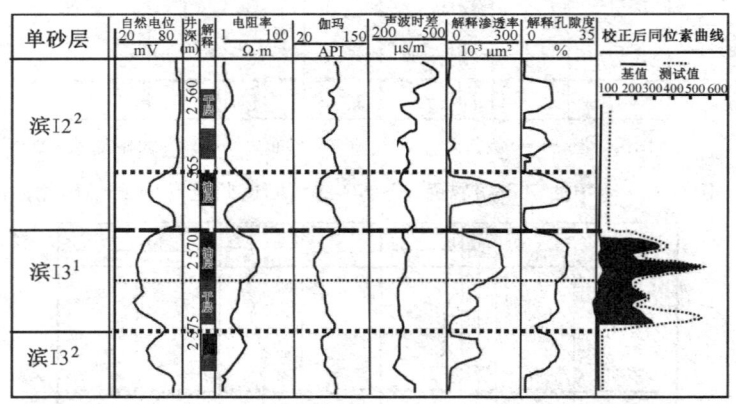

图6.9 港中油田中9-68-1井钡同位素吸水剖面识别界面

图6.8为中10-61-2井滨Ⅰ4小层进行钡同位素吸水剖面测试结果，该井段共发育3个主要吸水层段，滨Ⅰ4^1单砂层吸水量百分比为62.51%，滨Ⅰ4^2单砂层内部吸水量百分比分别为26.52%和10.96%。依据滨Ⅰ4^2单砂体内部的吸水剖面差异界面，识别划分出3级界面。

图6.9为中9-68-1井滨Ⅰ31单砂层同位素吸水剖面测试结果。从该

井段的自然电位曲线、渗透率曲线上,界面不明显。然而从吸水剖面上看出,该单砂体内部在 2 572.0 m 处存在钡同位素吸附峰值,随后快速下降,同时在界面上下吸水面积百分比也有较大差异;这表明在砂体此处发育 3 级界面。

单砂体内部的 3 级界面在产出剖面上也有一定的反映。如图 6.10 为中 8－72－1 井滨Ⅰ1 单砂层产出剖面测试结果,在产出剖面上存在三个产层,从下到上分别为:2 597.10～2 595.10 m,日产水 12.6 m³;2 595.10～2 593.20 m,日产水 3.1 m³;2 593.20～2 591.02 m,日产水 6.8 m³。同一单砂体内部生产能力不均一,表明三个产层段不是同一期的沉积砂体,在产出剖面差异界面处存在 3 级界面。

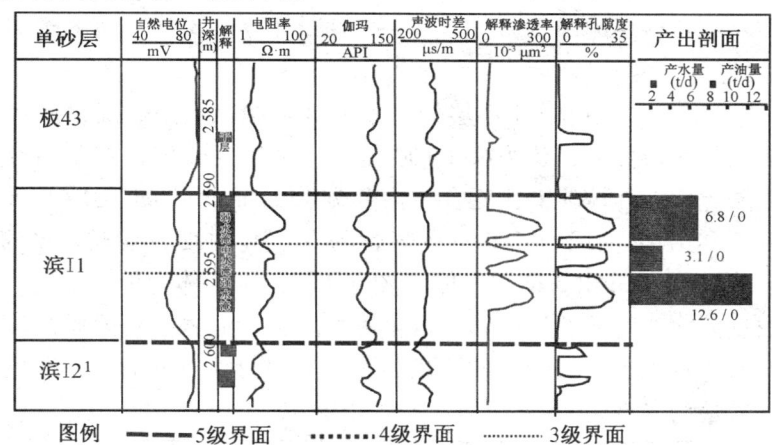

图 6.10　港中油田中 8－72－1 井产出剖面的识别界面

2 级界面代表层系组边界面,指示水动力大小、流向的变化,界面上下具有不同的岩石相(图 6.11)。1 级界面代表同一种层系的界面,为一连续的沉积作用所形成的界面。2 级和 1 级界面仅能在岩心可以识别。在地下储层中,常规的资料难以区分 1 级和 2 级界面,其井间的对比关系更加复杂,本书构型研究暂不讨论。

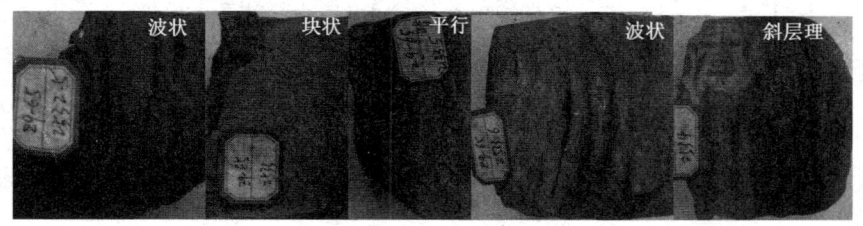

图 6.11　港中油田 1 级－2 级构型界面岩心识别

通过以上界面的识别方法，完成了56口井的构型界面划分。5级构型界面为小层间的稳定发育泥岩段隔层。4级、3级构型界面是单砂层间和单砂层内部的泥岩夹层，厚度较薄，部分泥岩与物性夹层界面层间连续性差。

6.2.3 单井构型单元划分

在取心井岩心、界面识别划分的基础上，首先对取心井进行单井构型单元的划分，然后对非取心井进行划分。在划分中，按照坝复合体—单一坝—增生体三级构型级次进行划分：①坝的复合体对应小层的级别（如滨Ⅰ4）；②单一坝对应单砂层的级别（如滨Ⅰ4^1、滨Ⅰ4^2）；③单一坝由多期的增生体组成。

在对中9-65井中滨Ⅰ4小层构型单元划分中，利用砂层顶底稳定发育的泥岩隔层的5级界面，认为滨Ⅰ4砂体是一个坝复合体；然后结合单砂层之间的泥岩界面，在滨Ⅰ4坝复合体内部划分为滨Ⅰ4^1和滨Ⅰ4^2两个单一坝；最后，利用SP曲线回返特征、岩性特征、孔隙度及渗透率界面差异，把滨Ⅰ4^2单一坝划分出5期增生体（图6.12）。增生体为单期碎屑物质的沉积而形成反韵律或均质韵律砂体；增生体之间存在泥岩、粉砂质泥等细粒沉积物，有时可见黏土质或粉砂质沉积。从单一坝的垂向解剖看，泥质夹层在坝顶、坝底最为发育。

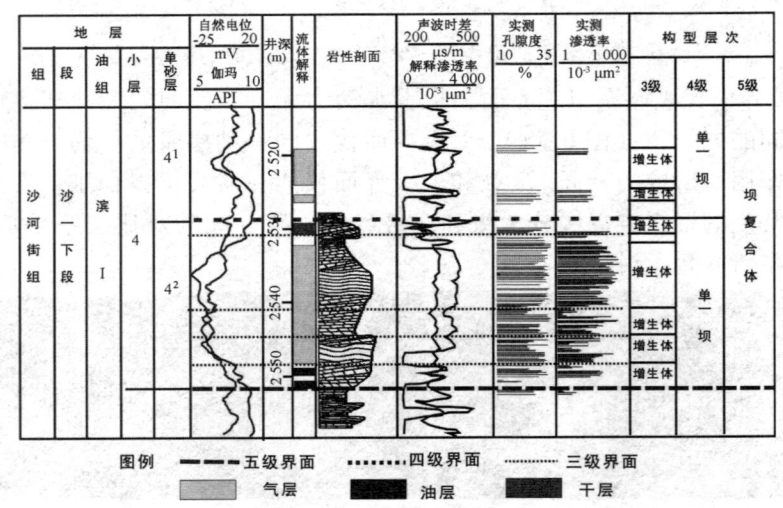

图6.12 港中油田中9-65井滨Ⅰ4坝复合体构型单元划分

图 6.13 为中 7-59 取心井构型单元划分结果。在划分过程中，首先依据底部 2 268.0 m 处小层间的 5 级构型界面以及顶部 2 256.0 m 处单砂层之间的 4 级界面，识别划分出板 32^2 单一坝；然后在单一坝内部，依据岩心上的泥岩夹层划分为 3 个增生体。从三期增生体的岩心照片观察，不同期的增生体在物性、颗粒粗细、水淹程度等方面都有很大差别。最后在取心井构型单元划分的基础上，依据界面识别特征，对其他 56 口非取心井进行了构型单元划分（图 6.14）。

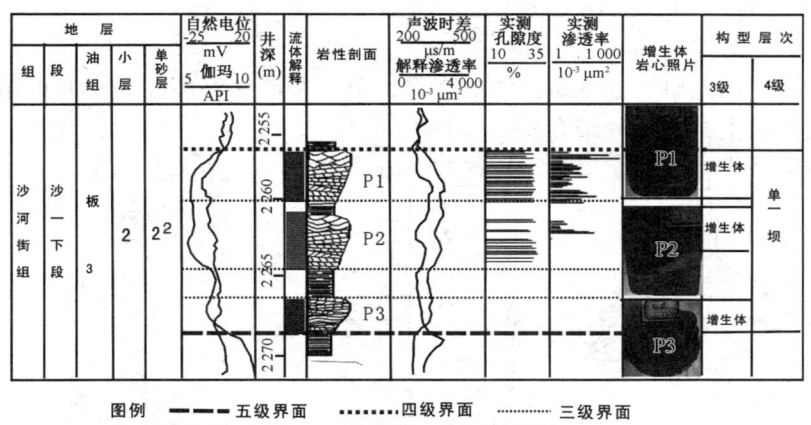

图 6.13　港中油田中 7-59 井板 32^2 单一坝构型单元划分

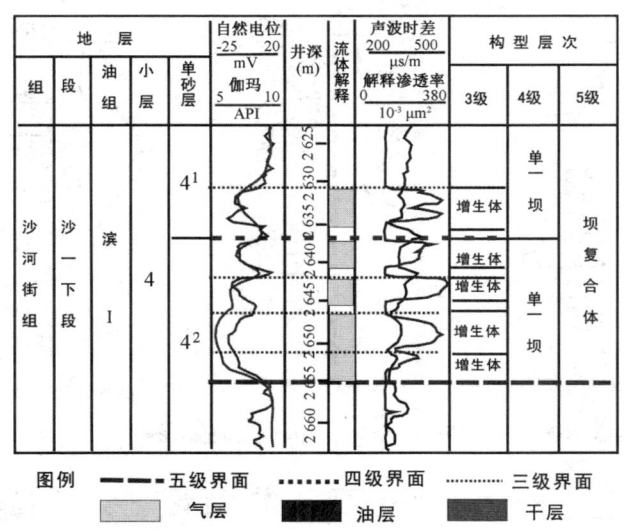

图 6.14　港中油田中 9-68-2 井滨 I 4 坝复合体构型单元划分

6.3 单一坝的识别及定量表征

通过沉积微相砂体展布分析，垂向上不可再细分的单砂层，在平面上分布有 2 种形式：孤立分布的单一坝；多个单一坝侧向拼接而成的连片坝。下面通过重点砂体，总结单一坝垂向组合和平面识别特征。

6.3.1 单一坝的垂向组合特征

从单井构型单元划分对比情况来看，单一坝砂体厚度在 3~10 m 最为常见，在垂向上共有 6 种组合特征（图 6.15）。

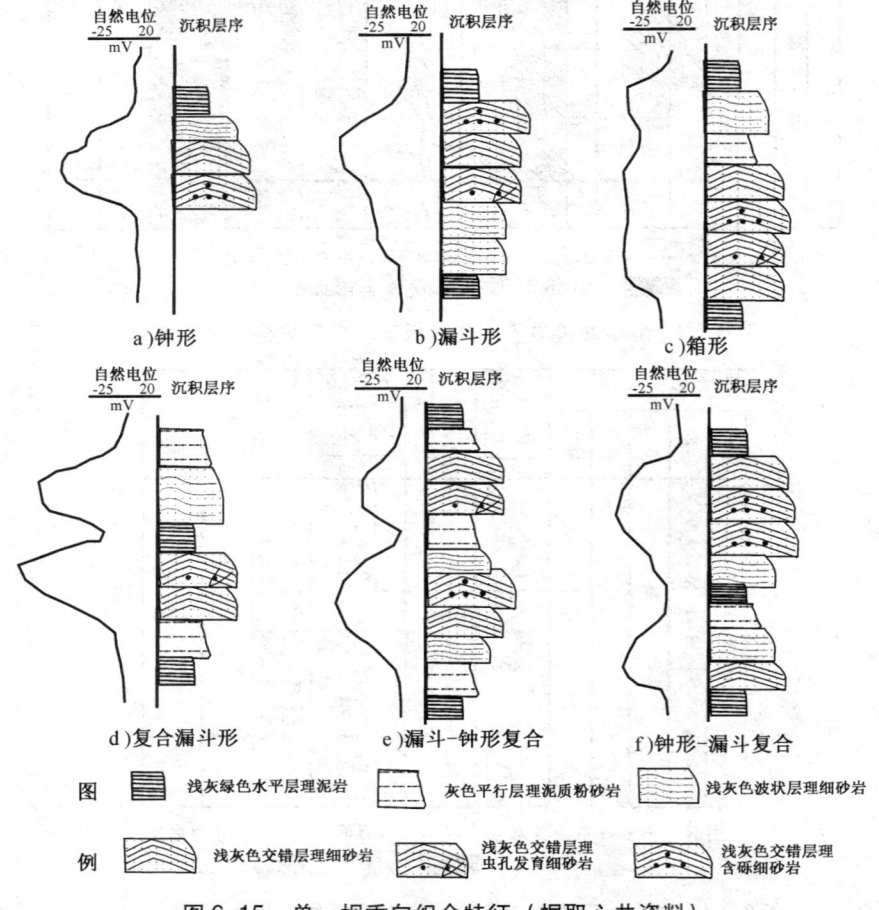

图 6.15 单一坝垂向组合特征（据取心井资料）

漏斗形：垂向上反韵律沉积，自然电位曲线特征呈漏斗形，细砂岩中交错层理发育，在砂岩顶部可见红褐色泥砾，然后突变为泥岩沉积。

钟形：垂向上正韵律沉积，自然电位曲线特征呈钟形。

箱形：自然电位曲线为箱状、齿化箱状，表明单一坝垂向加积的特点，韵律以复合韵律为主，内部发育泥质粉砂的细粒沉积。

复合漏斗形是研究区较为常见的一种单一坝垂向组合特征，以两段复合反韵律沉积为主，中间发育厚度 1~2 m 的泥岩夹层。

钟形和漏斗形的复合，垂向上以正、反韵律复合，内部一般发育 1~2 个夹层，在取心井段可见泥质夹层。

6.3.2 单一坝的平面识别标志

识别划分单一坝是构型分析的重要内容，通过研究单一坝的沉积厚度、曲线形态差异、夹层个数的差异等，确定了以下 4 种单一坝的识别标志。

1. 坝间泥的出现识别区分单一坝

在湖泊滩坝砂沉积过程中，受沉积物源的变化、湖平面的周期升降，坝砂随着湖岸线的变化而产生横向迁移的特征。在坝间充填沉积细粒的泥质，形成坝间泥。在邻近的坝之间发育坝间泥，可以作为平面上区分不同单一坝的直接证据（图 6.16）。

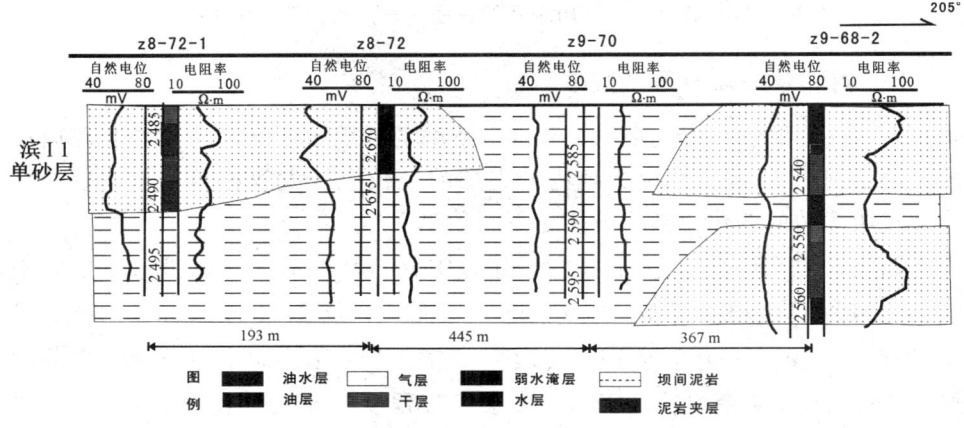

图 6.16 坝间泥发育区分单一坝（滨 I 1）

2. 相邻单一坝出现"厚—薄—厚"的特征

相邻单一坝砂岩厚度等值线平面图上出现多个厚度中心，平面上出现"厚—薄—厚"的特征，是识别单一坝的重要特征。如在滨Ⅰ4¹单砂层依据发育的多个厚度中心，将不同的单一坝区分开（图6.17）。

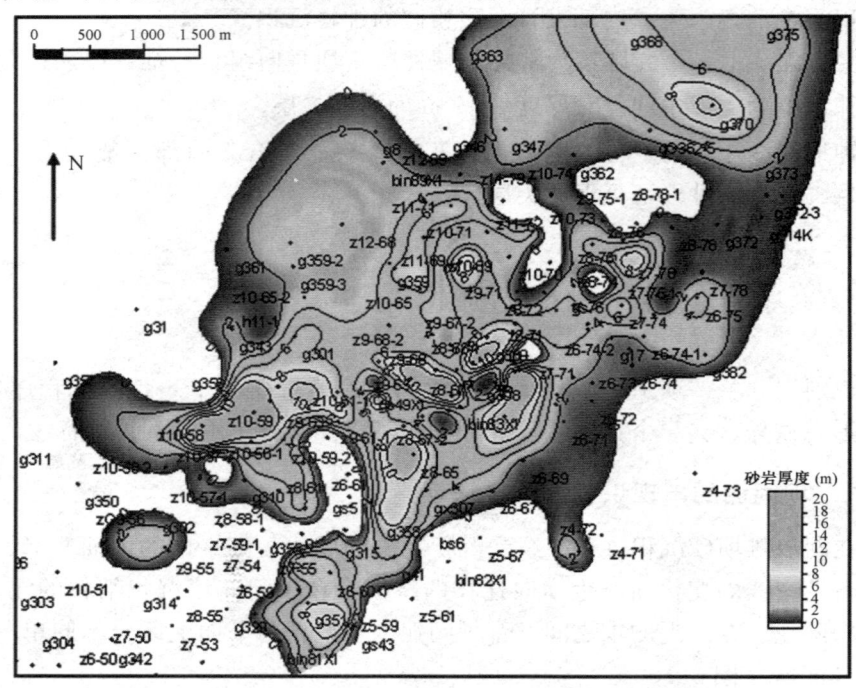

图6.17 相邻单一坝出现"厚—薄—厚"的特征（滨Ⅰ4¹）

3. 相邻单一坝夹层个数差异

内部夹层的发育情况在一定程度上反映了沉积时的水动力条件和碎屑物质供给情况[86]。同一个单一坝内部夹层的个数应该大致相当，相邻单一坝内部夹层个数的变化，指示可能是不同的单一坝。

如图6.18所示，为滨Ⅰ4²单砂层过中10-59-2井、中10-59井和中9-63-4井单一坝的剖面，中9-63-4井的砂体厚度超过30 m，内部夹层不发育；中10-59井砂厚19 m，内部发育一个夹层；而中10-59-2井砂厚6.3 m，发育4个夹层。相邻井夹层发育程度差异大，表明中10-59-2井与中9-63-4井不是同一个单一坝。另外，从曲线特征上，中10-59井与中10-59-2井具有相似的组合特征，应该为同一个单一坝。

第6章 湖泊滩坝砂体内部构型研究

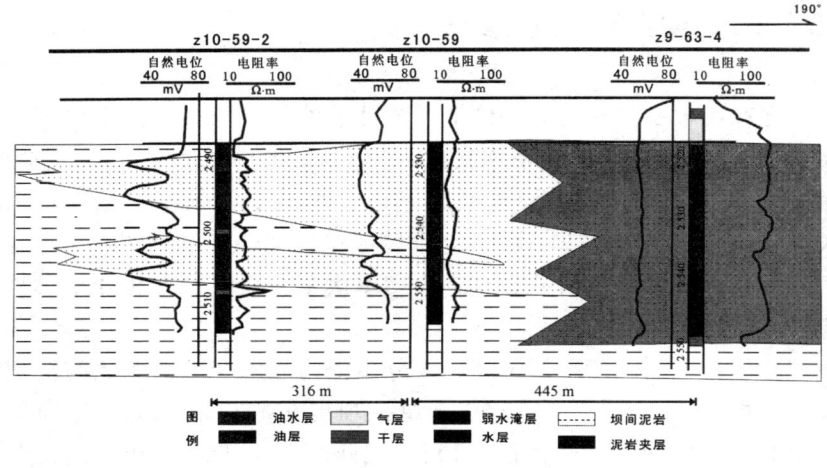

图6.18 相邻单一坝内部夹层发育个数差异（滨 I 4^2）

4. 单一坝测井曲线形态差异

单一坝测井曲线的形态变化反映了滩坝砂沉积时期水动力条件的差异。同一时期的滩坝砂，其水体的深浅、湖浪的强弱等都比较稳定，因而在这一时期形成的单一坝在测井曲线形态上也具有相似性。如果在相同沉积微相条件下，邻井的测井曲线形态相比差异较大，可作为判断不同单一坝沉积的标志。如图5.19所示，中10-65井、中11-68井和港359井滨 I 1单一坝自然电位曲线组合为"钟形+漏斗形"，而在邻井中10-70井和中10-71井的自然电位曲线组合为"漏斗形+钟形"。两个单一坝都是坝主体微相，测井曲线组合差异明显，表明沉积时期的环境发生变化，可能在平面上属于不同的单一坝。

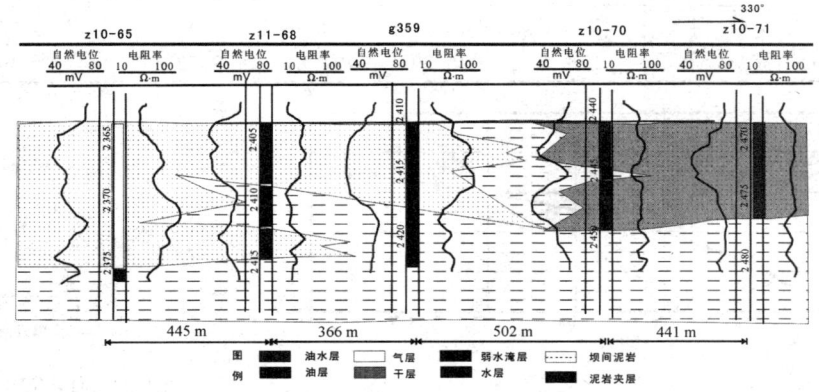

图6.19 单一坝测井曲线形态组合差异区分单一坝（滨 I 1）

6.3.3 单一坝定量统计参数

本文在精细单一微相划分基础上,统计了沙一下段滨Ⅰ油组由176个井点控制的50个单一坝砂,其平均长度1 036 m,平均宽度421 m,平均厚度8.7 m,平均长宽比2.5,平均宽厚比49.1,坝的平均长度和宽度具有较好的相关性[表6.2,图6.20 a)]。地下储层单一坝的定量统计参数与青海湖现代沉积单一坝的参数具有一致性,表明本次单一坝识别方法和结果具有一定可靠性。

滩坝砂展布方向一般平行于湖岸线分布或与之斜交,并且还与沉积时期盛行风的方向有关[26,127,128]。从50个单一坝展布的长轴方位统计结果可知[图6.20 b)],坝砂主要有北北东15°和北西西295°两个展布方向,并且以北北东方向为主,北西西方向为次。

表6.2 港中油田沙一段滨Ⅰ油组单一坝定量统计参数

单砂层	统计坝个数	控制井数(口)	坝平均长度(m)	平均宽度(m)	平均厚度(m)	长宽比	宽厚比
滨Ⅰ1	6	30	1 021.70	426.69	7.87	2.41	50.23
滨Ⅰ2^1	9	21	914.35	375.63	8.76	2.61	43.59
滨Ⅰ2^2	3	6	974.20	546.25	8.7	1.71	61.8
滨Ⅰ3^1	6	21	842.61	417.48	7.82	2.3	53.6
滨Ⅰ3^2	7	23	1 032.95	367.09	8.35	2.52	45.28
滨Ⅰ4^1	7	31	1 119.43	379.84	8.7	2.99	44.13
滨Ⅰ4^2	3	14	1 398.03	441.13	11.31	3.15	39.77
滨Ⅰ5	5	19	1 147.87	449.32	9.57	2.45	49.48
滨Ⅰ6	4	11	875.45	392.93	7.42	2.13	53.94
合计/平均值	50	176	1036.29	421.81	8.72	2.47	49.09

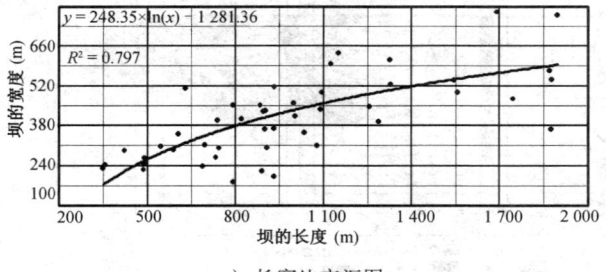
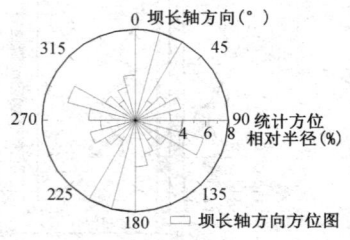

a) 长宽比交汇图　　　　　　b) 坝长轴方向方位图

图6.20 港中油田沙一段滨Ⅰ油组滩坝砂长宽比交汇图

6.4 单一坝内部夹层研究

单一坝内部构型解剖重点是对 3 级界面的夹层研究，定量地研究其规模、产状等，并建立内部构型定量分布模式[164-166]。

6.4.1 单一坝内夹层分类及识别

通过露头和地下井资料，由二维到三维对隔夹层的成因、分类、井点上识别和井间的预测，国内外学者做了大量的研究工作。目前借助构型的研究，对夹层的研究，由原来的定性认识延伸到夹层的倾角、延伸距离等参数定量表征上。

过去认为滩坝砂是一种相对较均质的储层，内部没有夹层或者不发育夹层。近年来部分学者通过岩心观察研究，发现滩坝砂体内部同样发育泥质、灰质的夹层。港中油田沙一下段滩坝砂内部有泥岩夹层、钙质夹层和物性夹层三类，在单井上的识别主要通过电测响应特征来识别（图 6.21）。

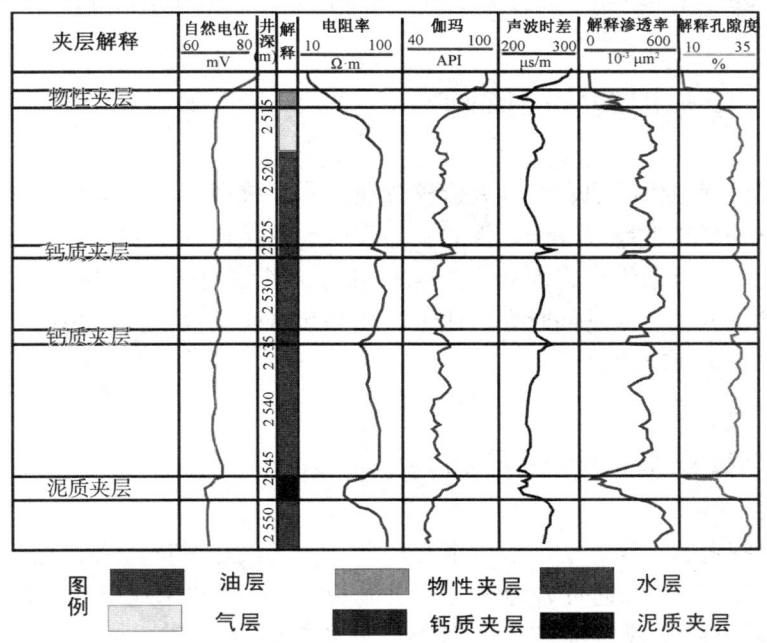

图 6.21 湖泊滩坝砂内部夹层分类及识别

泥质夹层是滩坝砂内部最主要的一种夹层类型。在湖平面短暂上升过程中，水体加深，可容空间相对增大，细粒的沉积物在砂体上沉积形成泥质夹层。港中油田泥岩夹层一般有浅灰绿色和红褐色两种。浅灰绿色泥岩夹层，是正常浅湖的泥质沉积；而红褐色的泥岩夹层，应该与滨岸洪水漫流沉积或湖水对滨岸紫红色泥岩改造有关[91]。在测井曲线上，泥质夹层的自然电位曲线略有回返，泥质含量升高，伽玛曲线正异常，声波曲线小幅下降。

滩坝砂体内部的钙质夹层，在青海湖现代沉积以及单井测井曲线上都有所体现。钙质夹层的成因有二：其一，在沉积初期，湖水下降，湖水含盐度升高，类似一个蒸发泵机制使得湖水中的盐份及其他矿物质不断浓缩，使砂质沉积物，在早期胶结成岩。其二，受后期成岩作用的影响，在砂岩与泥岩的接触面，形成钙质胶结。钙质夹层在电阻率曲线为异常高值，常呈尖峰指状，声波时差增大，泥质含量较低，解释孔隙度和渗透率曲线出现曲线突变。

物性夹层是由于沉积时期水动力条件的变化，泥质含量增高、沉积物粒度变细形成的泥质粉砂岩、粉砂岩等。物性夹层有一定的渗透率和孔隙度，但是未达到有效砂层孔隙度和渗透率的下限值。在测井曲线上，电阻率较低，但比泥质夹层的电阻率高，自然伽玛呈中等幅度，解释孔隙度和渗透率曲线有一定幅度的下降。在单井上，物性夹层可参考非储层物性标准来划分。

6.4.2 单一坝内夹层倾向

从青海湖现代沉积、美国大盐湖滩坝露头及滩坝砂沉积演化模式可以看出，在单一坝靠近岸线一侧，泥岩夹层发育，并且近水平方向展布；在单一坝的中心及靠近湖方向，泥岩夹层也较发育，其倾向一般向湖盆方向倾斜，倾角多比较低缓；但是同时在回流带，部分泥岩受湖浪水流的冲刷而不易保存下来（图6.22）。

6.4.3 夹层倾角计算及新方法

夹层倾角的计算方法一般以下几种方法：①依据典型露头、现代沉积剖面直接测量[167]；②通过岩心泥岩夹层测量[168]；③利用地层倾角测井资料读取计算[85]；④针对河流相，利用河流的宽深比来预测地下侧积层的倾角[85,160,166]；⑤在密井网区，通过对子井钻遇同一夹层的高度差、井间距数

第6章 湖泊滩坝砂体内部构型研究

据计算[85,86,87]；⑥利用水平井钻遇夹层资料来计算[87]。

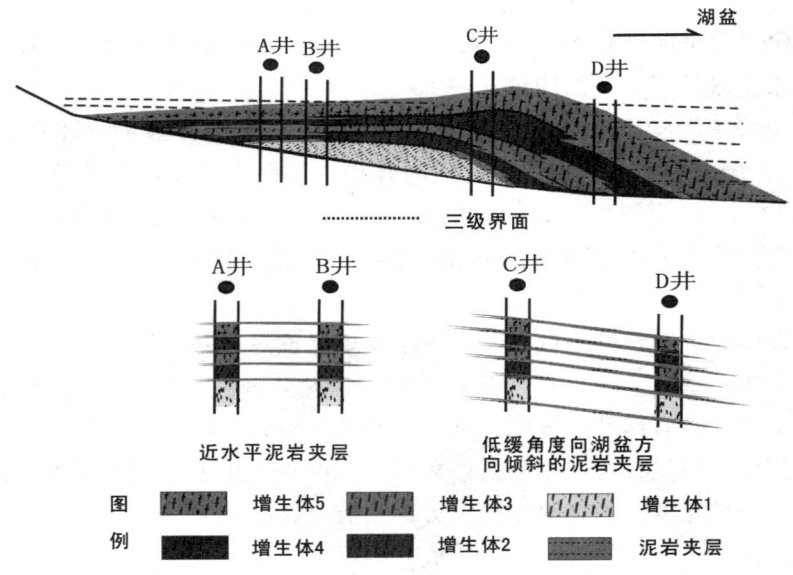

图 6.22 滩坝砂泥岩夹层倾向模式

1. 岩心测量

依据港中油田中 10 - 57 井滨Ⅰ5 单砂层滩坝砂发育的泥岩夹层（图 6.23），可以大致测量出泥岩的倾角为 15.5°；但是值得注意的是从岩心测得到倾角数据，没有经过原始地层倾角的校正。根据青海湖现代沉积，表明滩坝砂发育在低缓的斜坡地形，坡度在 10°左右。依据这一数据可以半定量得知中 10 - 57 井钻遇的该段坝砂，其泥岩夹层倾角大约为 5.5°。

图 6.23 港中油田中 10 - 57 井泥岩夹层——低缓倾角（滨Ⅰ5）

133

2. 对子井计算及校正方法

据统计港中油田有 34 口更新井和对子井，选择距离断层远、井距小的对子井来定量计算夹层的倾角。中 10-57 井和中新 10-57-1 井为对子井，通过井斜校正、层拉平后，测量出滨 I5 单砂层上两井点的水平间距 D 为 30.08 m，借助界面的识别，计算出两井点夹层距上一个等时界面的高程差 H 为 1.33 m，并反算出泥岩的倾角为 2.53°（图 6.24）。这一结果也与该井同一深度段用泥岩岩心测量的倾角数据 5.5°比较吻合，两种方法得到了相互印证。

结合倾向、倾角的测量方法，不难发现通过对子井来简单计算出夹层的倾角，并不是真实的倾角；因为并不能保证两井连线的方向为夹层的倾向。从理论上讲，只有两井的连线和夹层的倾向一致，测量计算出的倾角才是夹层的真倾角。虽然，视倾角和真倾角二者在倾角大小上，相差不大，但是对视倾角进行校正的工作在科学探讨方面很有意义。

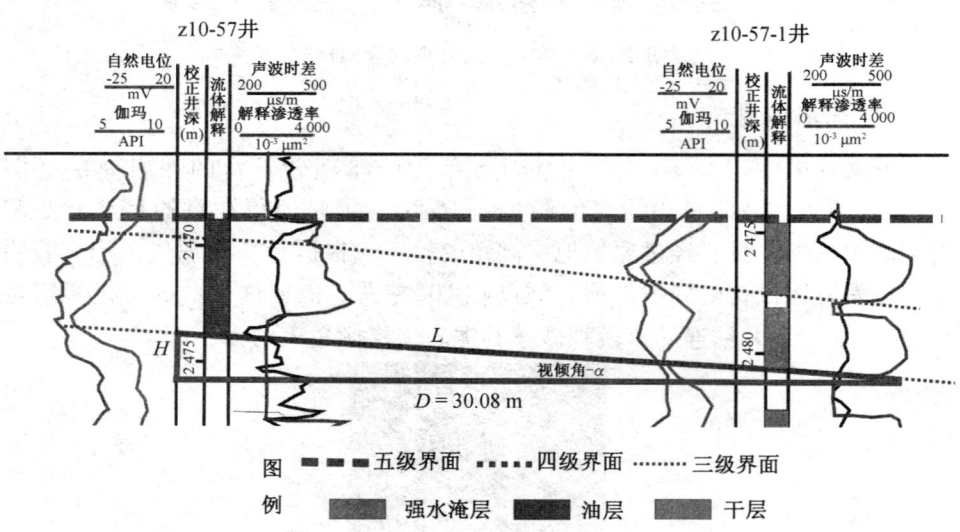

图 6.24　港中油田中 10-57 井泥岩夹层——对子井计算倾角（滨 I5）

Ivan Fabuel-perez et al（2009）借助露头测量，认为砂岩厚度、宽度、倾角数据要通过古流向、剖面走向等方面的校正，并且给出了砂岩宽厚比、倾角等定量数据一系列可能的值。中石油勘探开发研究院周新茂等人（2010）通过曲流河的构型，提出应该把两井间的连线投影到泥岩夹层的法线方向，从而得到一个校正角 β；最后把视倾角 α，经过校正得到真实的倾

角 θ。该种方法在构型研究的夹层倾角定量计算中很有开拓意义，尤其在利用二维平面构型图进行夹层真倾角计算比较便利。同时，该方法也有一定的不足之处：首先在把两井间的连线投影到泥岩夹层的法线方向这一环节，存在不确定性；校正角 β 也可能存在多个结果；其次，该校正方法在思路上略显深奥，不易被理解。

3. 三维模型层面扫描最大值法计算倾角

综合上述研究，本书提出"三维模型层面扫描最大值法"来计算泥岩夹层的真倾角（图 6.25）。方法的原理是沿层面倾向方向测出的倾角为真倾角，并且只有沿倾向方向高程下降率最快。方法步骤：①以层面 A 井点为固定点，A 井、B 井之间斜面的井间距 D（在三维空间是已知的）为固定扫描半径，沿泥岩层面扫描；②当扫描到 D 井处，寻找最大的高程差（$H+\Delta h$）；③计算夹层真倾角 $\theta = \text{Arcsin}(H+\Delta h)/D$。运用该方法，对中 10-57 井和中 10-57-1 井滨 I 5 的泥岩夹层校正后得到泥岩夹层倾角为 2.94°，与相同对子井的计算泥岩倾角 2.53°相比，略有增大。该方法与周新茂等人的校正方法相比，二者在原理上是一样的。本书提出的"三维模型层面扫描最大值法"思路清晰，步骤简单，但是不足之处在于需要三维模型支持，夹层的倾角精度依赖于模型的精度和夹层的地质认识。

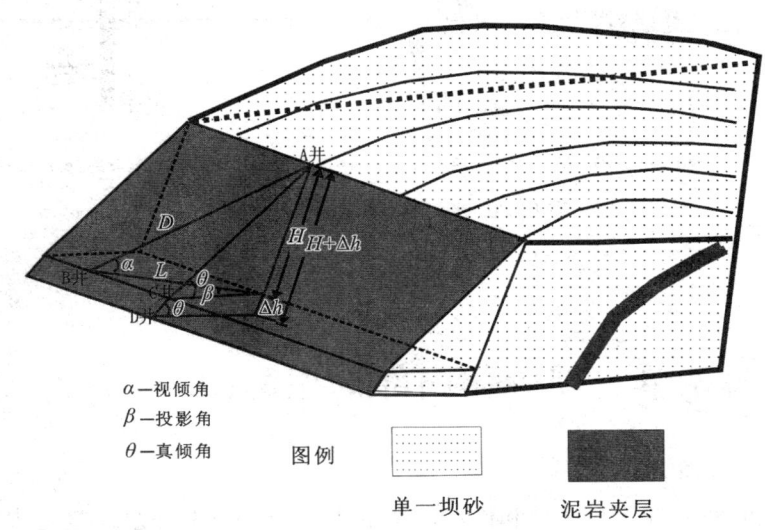

图 6.25 泥岩夹层真倾角计算示意图

通过现代滩坝沉积、岩心测量、对子井计算以及倾角校正计算，综合研究认为,滩坝砂夹层的倾角一般较小,在2°~5°。

6.4.4 增生体规模的推算

单一坝内部两个3级泥岩界面夹层之间为坝内增生体的规模,应用对子井单井增生体的厚度差和夹层的倾角,可以推算增生体最小延伸规模。泥岩夹层沿倾向在平面上与单一坝顶面相交,并在平面上的投影距离即为泥岩夹层的水平间距。如图6.26所示,中10-57井两个3级泥岩界面的增生体砂体厚度为3.33 m;泥岩夹层的真倾角为2.94°,计算出增生体水平延伸距离为65 m。公式如下:

$$D = H/\tan\theta$$

式中 D——增生体水平延伸距离(m);
　　　H——增生体的厚度(m);
　　　θ——夹层倾角(°)。

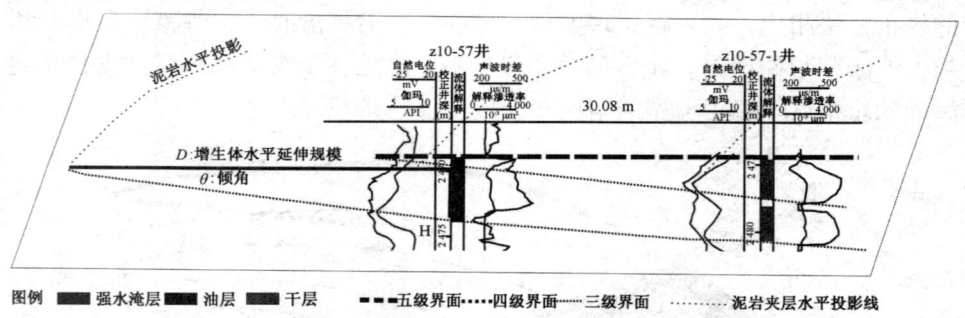

图6.26　增生体规模计算示意图

6.5　典型单一坝砂体内部构型解剖

北三断块的港359井组和南四断块的中10-61-1井组,是港中油田重点开发的井组,在几十年的开发过程中积累了较为丰富的动态资料,下面就以这两个井组典型单一坝为例来进行砂体内部构型解剖。

6.5.1　港 359 井组构型解剖

1. 港 359 井组概况

港 359 井组是港中油田主力开发单元；主要目的层是滨 I 1 单砂层，砂体厚度大，地质储量大，产能情况好，是高产富油砂体区域。该井区位于滨北斜坡地带，断块内部共有钻井 11 口，其中注水井 4 口，7 口油井。油井中有 2 口水平井，其中港 359H（水平井段 336.9 m）和港 359 - 1H（水平井段 75.8 m）（图 6.27）。

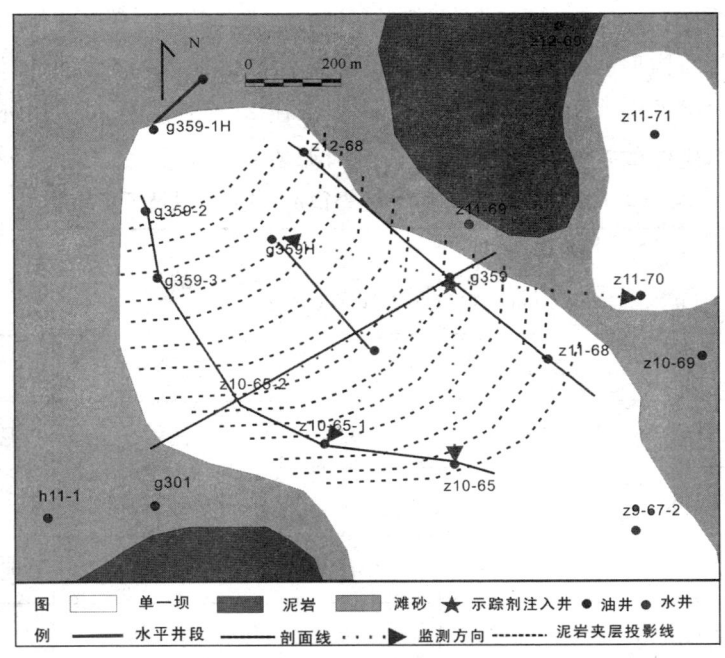

图 6.27　港中油田北三断块港 359 井组单一坝内部构型解剖（滨 I 1）

生产初期，有中 12 - 68 井、中 11 - 69 井和中 11 - 68 井注水，但油井受效不明显，2007 年进行了 3 口井的水驱前缘测试。随后，2007 年 10 月港 359 井转注，但是同年 10 月，港 359H 油井的月底含水由 0.55% 突然上升到 65.06%，日产油量由 200 t 下降到 60 t。为了落实含水变化的原因，油田现场采用示踪剂测试来分析来水的方向和速度。据此，可以定性地验证构型解剖的结果。

2. 港359H水平井解剖

水平井资料是分析井间泥岩夹层发育模式不可多得的资料。港359H水平井钻遇同一单一坝内部多个泥岩夹层和增生体，客观的揭示出坝复合体内部的砂体构型形态。水平井港359H，以港359井滨Ⅰ1单一坝为目标层，共钻遇4段油层、1段差油层，泥岩夹层4段，刻画出滩坝砂体的内部构型形态（表6.3，图6.28）。从图中可知，3级夹层界面在短轴方向为水平方向，在长轴方向为低缓倾角先湖盆方向倾斜；泥岩夹层平均厚度为4 m，水平井段泥岩夹层每间隔70 m发育1条。3级界面内为单一坝的增生体，实际井资料证实增生体的规模在60~90 m，平均为70 m左右，这一数据也与对子井推算出增生体65 m的规模比较吻合。

综合前面构型解剖定性认识和定量结果，得出如下结论：港中油田滩坝砂单一坝内部的泥岩夹层的倾角一般较小，在2°~5°。经水平井资料证实，认为坝内增生体的规模在60~90 m，侧向泥岩夹层密度大约为1条/70 m。

表6.3 港中油田港359H水平井段滨Ⅰ1岩性段及解释结果

序号	顶深（m）	底深（m）	长度（m）	岩性	解释结果
1	2 639.8	2 712.06	72.26	细砂岩	油层
2	2 712.06	2 715.99	3.93	泥岩	泥质夹层
3	2 715.99	2 788.32	72.33	细砂岩	油层
4	2 788.32	2 792.73	4.41	泥岩	泥质夹层
5	2 792.73	2 808.63	15.9	细砂岩	油层
6	2 808.63	2 815.46	6.83	泥岩	泥质夹层
7	2 815.46	2 884.29	68.83	粉细砂岩夹泥质条带	低产油层
8	2 884.29	2 889.02	4.73	泥岩	泥质夹层
9	2 889.02	2 976.8	87.78	细砂岩	油层

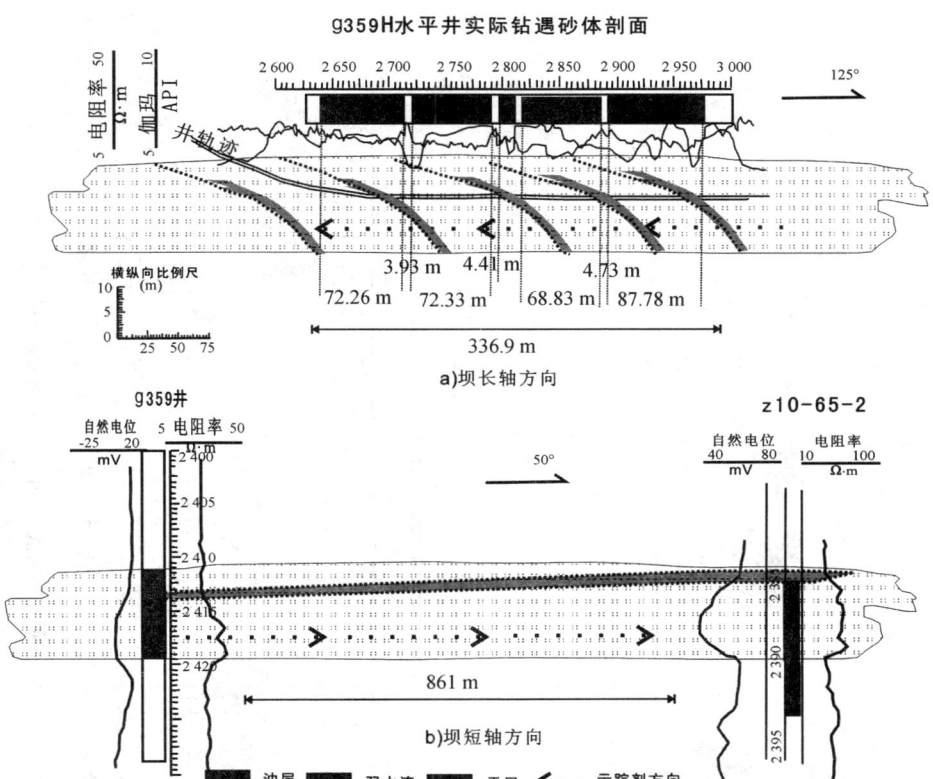

图 6.28　港 359 井区过水平井的单一坝砂体内部构型解剖（滨Ⅰ1）

3. 港 359 井组单一坝构型解剖

根据从水平井的认识，选取北三断块顺坝长轴方向和短轴方向，建立了 2 条剖面，进行对港 359 井区单一坝内部构型的解剖（图 6.29，图 6.30）。

在港 359－2 井—中 10－65 井的构型剖面上，根据模式和井点的夹层界面识别，按照 60～90 m 的间距进行夹层的井间内插，内部发育 14 条泥岩夹层，15 个增生体，依据井间实际距离 1 328 m 计算出增生体规模平均为 102 m。

在中 12－68 井—中 11－68 井的构型剖面上，同样按照 60～90 m 的间距进行夹层的井间内插，内部发育 12 条泥岩夹层，13 个增生体。统计该剖面实际长度为 932 m，计算出增生体规模平均为 93.2 m。

最后按照剖面上构型的认识，结合水平井资料，把泥岩夹层投影到平面上，形成单砂体平面的构型结果，建立了港中油田滩坝砂内部构型的模式。

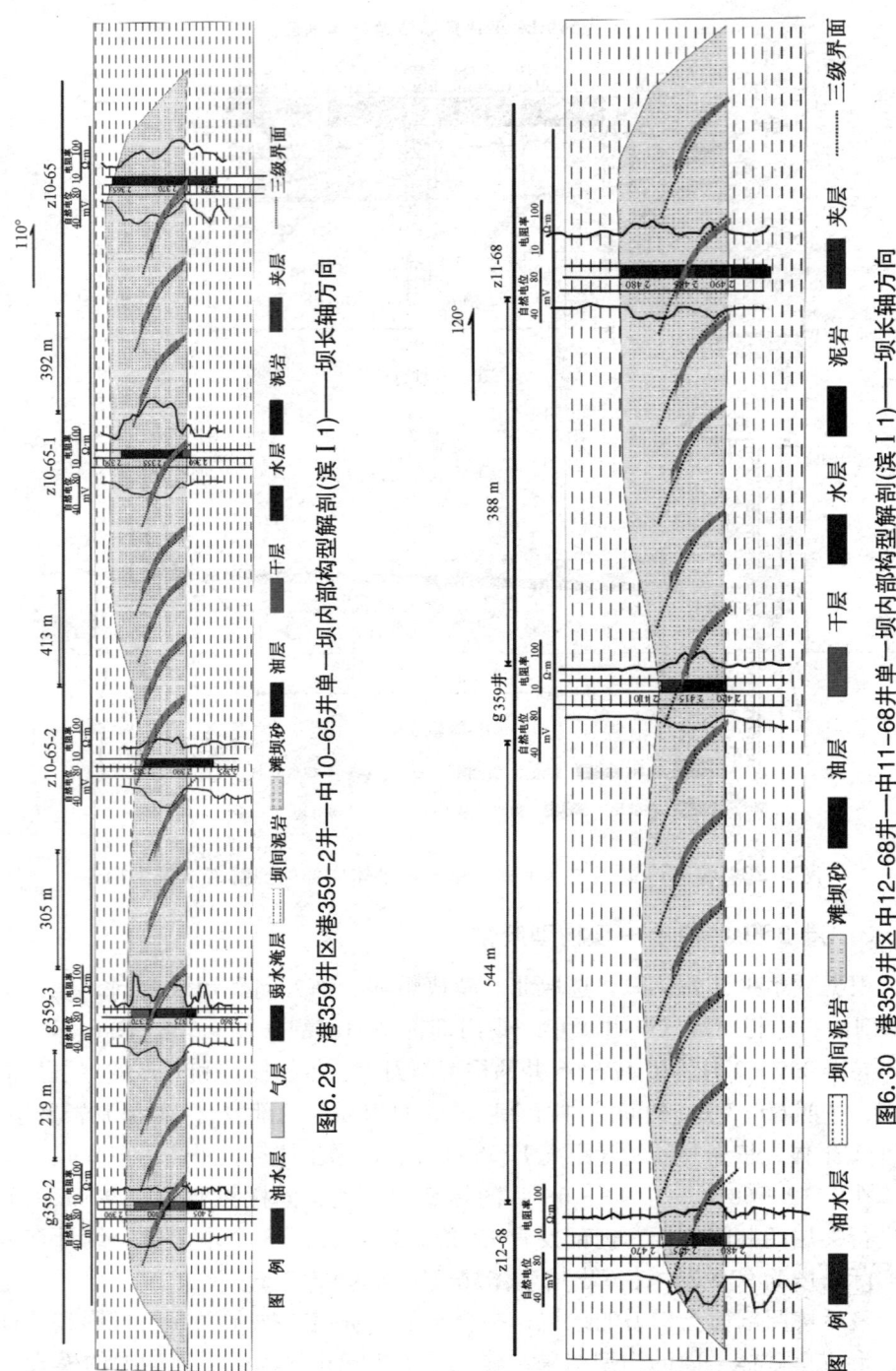

图6.29 港359井区港359-2井—中10-65井单一坝内部构型解剖(滨Ⅰ1)——坝长轴方向

图6.30 港359井区中12-68井—中11-68井单一坝内部构型解剖(滨Ⅰ1)——坝长轴方向

6.5.2 港 359 井组构型结果验证

1. 水驱前缘资料

水驱前缘测试，也叫微地震波监测技术，其原理是利用注水或压裂过程中，地层破裂产生微地震波，并向四周传播。通过信号采集处理，可以监测注入水的主要流向，生产上常常据此来作为注采方案调整依据。依据其有效区的范围和方向，间接地分析砂体内部的渗流差异，可以作为井间夹层是否发育的证据之一。

2007 年 11 月 24 日—28 日对中 11 - 68 井、中 12 - 68 井、中 11 - 69 井的注水过程进行水驱前缘测试。结果表明，中 11 - 68 井注水时间早，渗流速度慢，对港 359H 井没有影响；中 12 - 68 井注水时间滞后 4 个月，但是井间连通性好，渗流速度快，港 359H 井位于该井的注水有效区范围内（表 6.4）。

表 6.4 港中油田港 359H 邻井监测成果汇总表（据大港油田，有修改）

井号	注水时间	有效区长度（m）	有效区宽度（m）	有效区方向（°）	原因分析
中 12 - 68	2007 年 10 月	786.0	683.2	北东 230° 北西 310°	油井见效，油水井之间夹层少、渗流速度快
中 11 - 69	2007 年 11 月	742.4	613.2	北东 60° 北西 300°	油井不见效，油水井距离远，不在同一微相带
中 11 - 68	2007 年 6 月	729.4	685.4	北东 50° 北西 290°	油井不见效，油水井之间夹层多、渗流速度慢

油水井都位于同一个单一坝，其微相类型相同，储层的孔隙度和渗透率相近；两口注水井段深度与港 359H 井的油层中深相近（表 6.5），注水强度和距离水平井段距离也大致相当，井间不发育断层。然而，出现了早期注水井有效区范围小，油井不受效，晚期注水井有效区范围大，油井受效的反常现象。

表 6.5 港中油田港 359H 与邻近水井的注、采深度（滨 I 1）

井号	射孔井段（m）	垂直中深（m）
港 359H	2 648.7 ~ 2 979.3	2 395.0
中 11 - 68 井	2 472.8 ~ 2 478.6	2 411.0
中 11 - 69 井	2 443.5 ~ 2 450.0	2 446.8
中 12 - 68 井	2 443.8 ~ 2 447.5	2 422.0

一般来讲,在同等注水强度和相似的开发地质条件下,注入水水驱速度的快慢与砂体内部夹层是否发育及发育特征相关。层内夹层对流体渗流的影响程度主要取决于夹层产状、密度、延伸距离及与注采井组的关系等[60]。对于同一种类型砂体,其夹层的产状、密度与延伸规模都一致。因此,在相同的距离,影响渗流速度与两井之间发育的夹层条数有关。中11-68井和港359H水平井段之间发育5条夹层,中12-68井距离水平井段2条夹层,夹层条数的不同导致了上述的生产现象。由此可以得出如下认识:渗流快慢的差异与单砂体内部泥岩夹层的发育条数有关(图6.31)。

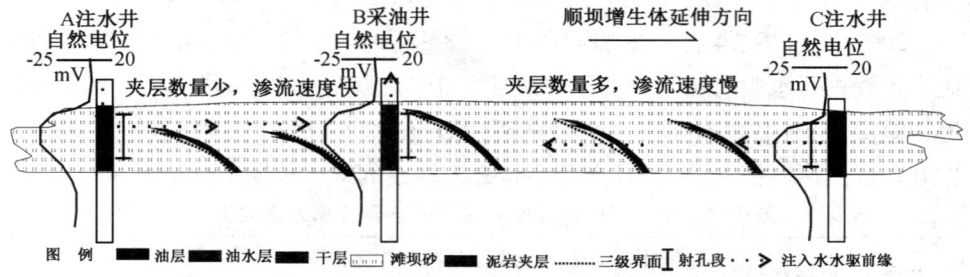

图6.31 夹层发育条数不同影响渗流差异(滨Ⅰ1)

2. 示踪剂测试资料

港359井2007年10月转注后,港359H油井出现强水淹的情况。于2008年1月14日从滨Ⅰ1单砂层注入35S示踪剂监测注入水的推进方向,注入井段为:2 415.0~2 420.0 m。监测时间长约半年,周围有4口生产井监测到示踪剂(表6.6)。

表6.6 港中油田港359井示踪剂监测结果表(据大港油田)

井号	日产油 (t/d)	含水 (%)	井距 (m)	检测浓度 (Bq/L)	检测到天数 (d)	计算水驱速度 (m/d)
港359H井	69.05	70.66	267	73.6	8	33.3
中10-65-1井	58.83	42.05	630	40.3	20	31.5
中10-65井	2.32	94.76	573	42.5	25	22.9
港359-1H井	9.17	90.27	916	10.8	45	20.4
中11-70井	0.32	94.92	653		未监测到	
中10-65-2井					未监测到	
港359-2					未监测到	
港359-3	0.86	92.1	861		未监测到	

从结果看，水驱速度最快的是港 359H 井，以港 359-1H 驱替速度最慢；中 10-65-1 井和中 10-65 井水驱速度中等，分别为 31.5 m/d 和 22.9 m/d。值得注意的是，与中 10-65-1 井相比，中 10-65 井距离注入井更近，而监测到示踪剂的时间滞后 5 天。由此结果可知，港 359 井与中 10-65 井、港 359 井与中 10-65-1 井之间发育不同条数的泥岩渗流屏障。

这是因为，注入井港 359 井与港 359H 为同一期增生体，中间没有夹层，并且距离最近，因而港 359 井水驱速度最快，监测到示踪剂时间最早，并且油井很快出现水淹。港 359 井到中 10-65 井直线距离近，但是不是同一期的增生体，中间发育 4 条夹层，因而水驱速度最慢，监测到示踪剂 35S 的时间相对最晚。而中 10-65-1 井虽然距离港 359 井远，但是两井间发育 2 条夹层，因而具有较快的水驱速度，监测到示踪剂的时间比中 10-65 井的要早。

综合水平井资料、水驱前缘测试及示踪剂测试资料，验证了港 359 井组单一坝砂体内部夹层的发育模式的可靠性。

6.5.3　中 10-61-1 井组构型解剖

1. 中 10-61-1 井组概况

中 10-61-1 井组位于南四—1 断块，为由 4 条断层组成的菱形断块，其中滨 I 42 单砂层油层厚度大，是该断块的主要开发单砂层。该井组内共有 4 口油井（中 10-61-1 井、中 9-63-1 井、中 9-63-4 井、中 9-63-3 井），2 口注水井（中 10-61-2 井、中 9-63-2 井），最小井距为 174m（图 6.32）。

为了解井组之间注采关系，2006 年对中 9-63-2 井和中 10-61-2 井两口注水井进行了同位素吸水剖面测试，对中 9-63-1 井完成产液剖面的测试。2008 年为了解断层边部剩余油分布情况，对位于断层边部的中 9-63-3 井进行 C/O 饱和度测井。该井组的动态资料为研究储层剖面构型解剖提供了依据。

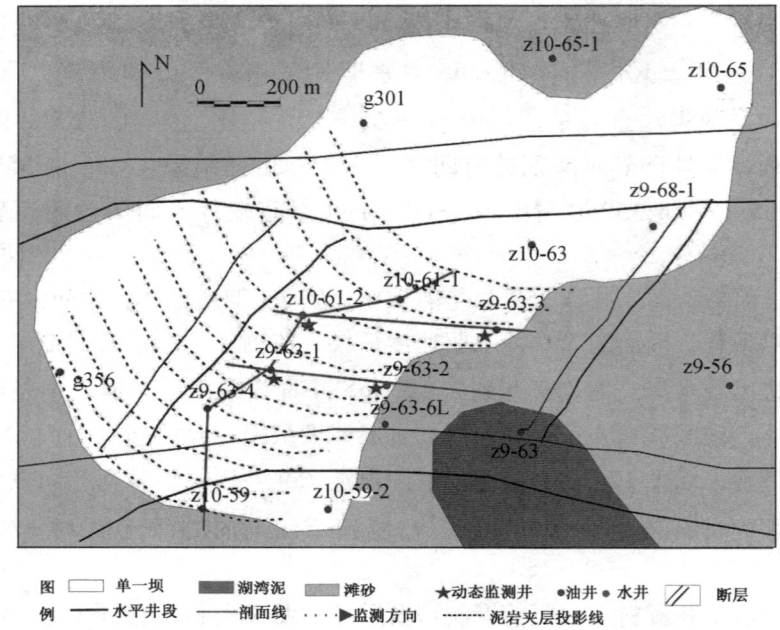

图 6.32 港中油田南四断块中 10-61-1 井组单一坝内部构型解剖（滨 I 4^2）

2. 中 10-61-1 井组构型解剖

依据自然电位曲线的回返、解释的泥岩夹层以及动态监测资料，在 4 口井上识别出两个 3 级界面，划分出 3 期增生体（增生体①，增生体②，增生体③）。该井组滨 I 4^2 单砂体由垂向上 3 期增生体叠加而成，在平面上为北东—南西方向展布的条带状单一坝。

动态监测资料表明，中 9-63-2 井有 3 段吸水层段，主要吸水的为上部的增生体①。中 9-63-1 井产液剖面资料表明，有三段产出层段，以上部的增生体①的产油量和产液量最高。中 10-61-2 井在滨 I 4^2 单一坝内部，有 2 段吸水层段，主要吸水为中间的增生体②，吸水面积百分比为 26.52%，吸水能力较强。中 9-63-3 井 C/O 测试资料表明，上部的增生体①为中水淹，剩余油饱和度为 32.9%；中部的增生体②，为强水淹，剩余可动油饱和度仅有 15.4%。现场油水井动态分析认为：中 10-61-2 井和中 9-63-3 井具有较好的对应关系；中 9-63-1 井和中 9-63-2 井对应关系好。界面的组合主要依据不同期增生体之间的吸水和产出对应关系。

首先选择平行于坝横轴方向的两条剖面来分析，根据前面对单一坝内部的认识，同一个 3 级泥岩夹层界面在坝横轴方向大致平行展布，在坝长轴方向为低缓角度向湖盆方向倾斜。在平行于坝横轴方向的中 9－63－1 井和中 9－63－2 井的剖面上，油水井之间的距离为 362 m，注水井的吸水剖面和油井的产出剖面也有较好的对应关系段，据此将两井间的 3 级界面进行合理组合［图 6.33 b)］。

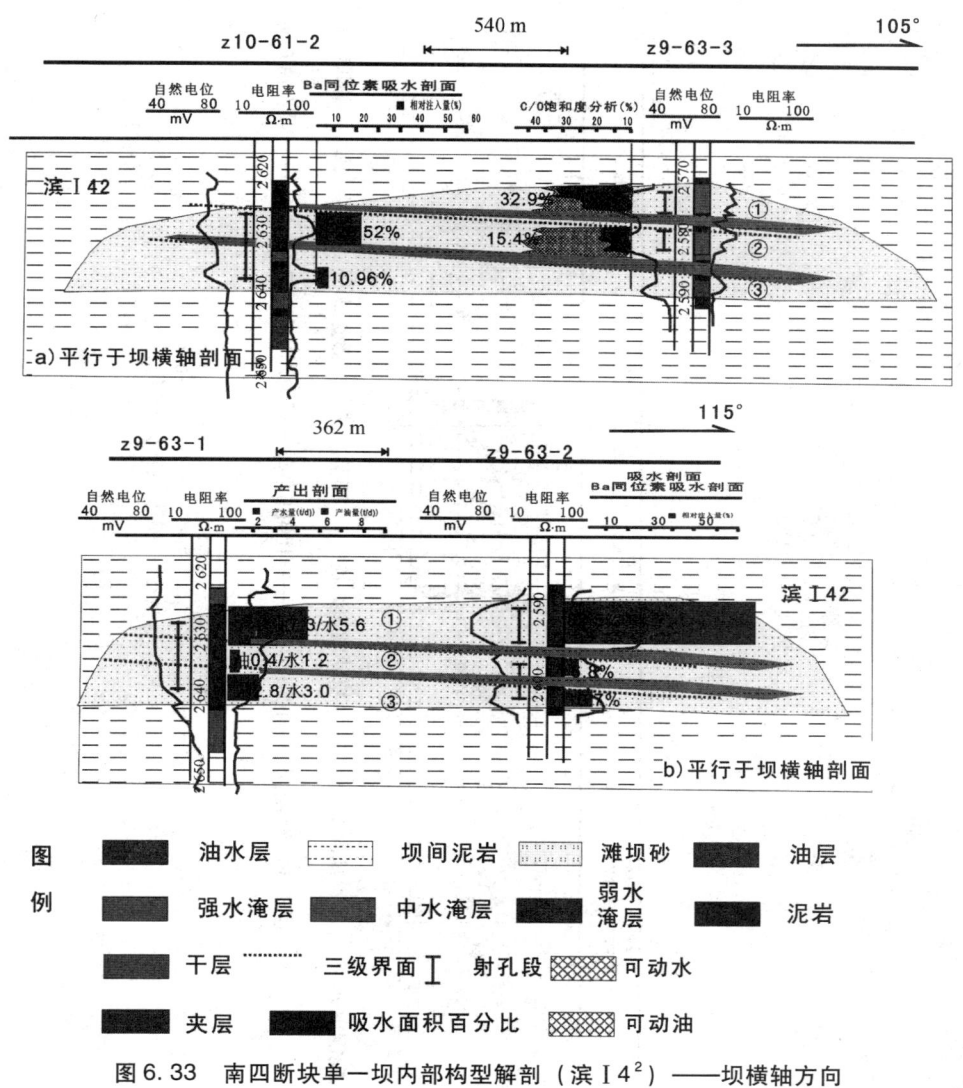

图 6.33 南四断块单一坝内部构型解剖（滨 I 4^2）——坝横轴方向

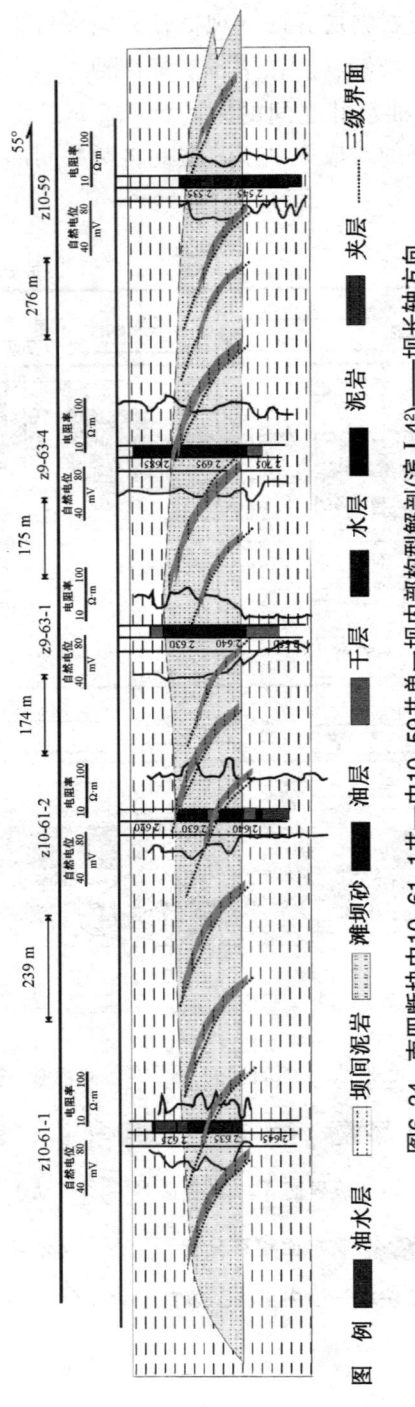

图6.34 南四断块中10-61-1井—中10-59井单一坝内部构型解剖(滨Ⅰ4²)——坝长轴方向

在中 10-61-2 井—中 9-63-3 井的剖面，油水井之间的距离为 540 m [图 6.33 a)]。中 10-61-2 井仅发育两期增生体，而对应见效井中 9-63-3 井发育三期增生体，依据动态资料认为，中 10-61-2 井上部增生体（2 630.0 m），吸水面积百分比为 26.52%，吸水能力较强，与中 9-63-3 井中部的增生体②相对应，是导致油井该层段强水淹的主要因素。

最后，在平行于坝长轴方向，选择中 10-61-1 井—中 10-59 井北东方向的剖面进行单一坝内部的构型解剖。根据模式和井点的夹层界面识别，按照 60～90 m 的间距进行夹层的井间内插，内部发育 13 条泥岩夹层，14 个增生体，统计该剖面实际长度为 864 m，内部增生体规模平均为 72 m（图 6.34）。

第7章 港中油田滩坝砂剩余油分布研究

港中油田是一个复杂断块构造－岩性油气藏，原始油藏内部流体的分布本身就很复杂；经过30多年的注水开发后，剩余油分布就更为复杂，主力砂体水淹严重，大部分井面临高含水关井的局面，剩余油分布规律认识不清制约着港中油田的高效开发。本章从断层和构型两个角度，分单一坝和单一坝内部两个层次，探讨高含水期湖泊滩坝砂体内部剩余油分布规律。

7.1 剩余油富集区分布研究

7.1.1 剩余油分布特征

1) 未动用或基本未动用的剩余油

港中油田沙河街组388口井共解释各类油气层2067层，油气层有效厚度合计为5 968.2 m。目前，沙一下段滨Ⅰ油组和板3油组滩坝砂共有59个油气层未射孔，有效厚度合计为159.3m（表7.1）。从分布来看，主要分布板32^2、滨Ⅰ2^2、滨Ⅰ4^1、滨Ⅰ4^2及滨Ⅰ5五个单砂层上（图7.1）；并且从井位分布看主要集中在南一断块和南四断块，这两个断块剩余油潜力相对较大。

表7.1 港中油田沙一下段未动用层统计表

层位	井号	未射孔厚度（m）	层位	井号	未射孔厚度（m）
板31^1	中6－55	2.0	滨Ⅰ3^2	中9－68－2	1.4
板31^1	中8－59－1	3.6	滨Ⅰ3^2	中9－63－3	1.0

续表

层位	井号	未射孔厚度（m）	层位	井号	未射孔厚度（m）
板32^1	中8-59-1	3.6	滨I3^2	中10-63	1.8
板32^1	中7-59	2.8	滨I4^1	中10-61-1	4.6
板32^1	中6-67	1.0	滨I4^1	中8-76	3.8
板32^1	港351	4.2	滨I4^1	中9-65	3.6
板32^1	中10-61-2	2.8	滨I4^1	中9-71	1.0
板32^2	港369	6.6	滨I4^1	中9-73	1.8
板32^2	中7-54	4.0	滨I4^1	中7-74	2.8
板32^2	中7-59	10.4	滨I4^2	中6-59	2.4
板33^1	中7-59	2.0	滨I4^2	中6-60	5.8
板34^2	中6-60	4.2	滨I4^2	中9-63-3	1.8
板34^2	中9-65	0.6	滨I4^2	中10-61-1	2.8
滨I1	中6-67	0.8	滨I5	中5-55	0.8
滨I1	中9-67-2	2.2	滨I5	中6-65	2.9
滨I1	中9-75-1	4.6	滨I5	中6-69	1.2
滨I1	港深76	1.2	滨I5	中9-63-3	1.8
滨I2^1	中8-76	2.0	滨I5	中9-68-1	2.8
滨I2^1	中8-76	2.6	滨I5	中9-68-1	1.2
滨I2^1	中9-66-1	0.8	滨I5	中9-68-2	1.4
滨I2^1	中9-75-1	4.0	滨I5	中9-73	5.0
滨I2^2	中9-73	4.0	滨I5	中6-73	0.8
滨I2^2	中9-63-4	4.0	滨I5	中7-71	2.5
滨I2^2	中9-63-2	3.4	滨I5	中7-71	2.7
滨I2^2	中10-61-2	1.6	滨I6	中7-55	3.2
滨I3^1	中10-61-2	3.6	滨I6	中9-75	0.6
滨I3^1	中7-63-3	3.0	滨I6	中9-75	1.4
滨I3^1	中9-63-3	1.4	滨I6	中9-63-3	2.6
滨I3^1	中9-68-2	0.8	滨I6	中10-61-2	2.8
滨I3^2	中6-53	3.2	合计	59层	159.3

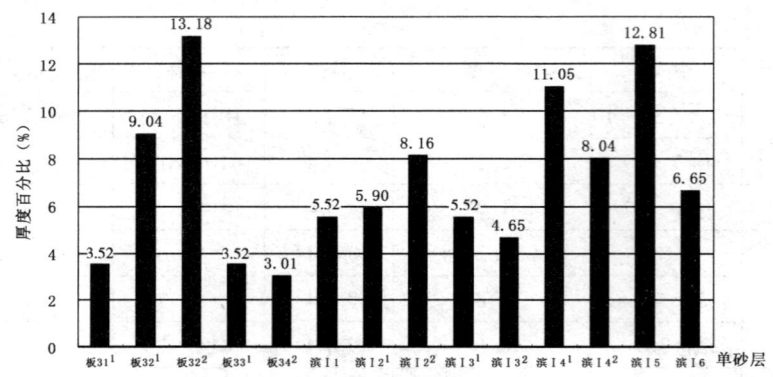

图7.1 港中油田未动用油层厚度分层位统计图

2）已动用油层的剩余油

利用单砂层储量数据以及单层累产劈产数据，可以计算港中油田沙一下段滨Ⅰ油组各单砂层的采出程度，也可预测已动用油层的剩余可采储量（表7.2）。统计表明，沙一下段滨Ⅰ油组各单砂层之间剩余油差别较大。剩余可采储量比重较大的有滨Ⅰ1、滨Ⅰ3^1、滨Ⅰ4^2、滨Ⅰ5、滨Ⅰ6五个单砂层。分析其原因，主要有两类情况：一类为原始地质储量大，采出程度较高，但剩余油储量也相对较大，如滨Ⅰ4^2、滨Ⅰ1单砂层；另外一类为原始地质储量中等，采出程度较低，相对剩余油的量也较多，如滨Ⅰ6单砂层。

表7.2 港中油田沙一段滨Ⅰ油组单砂层潜力评价表（据大港油田）

单砂层	地质储量（×10^4 t）	累积产油（×10^4 t）	可采储量（×10^4 t）	采出程度（%）	剩余可采储量（×10^4 t）
滨Ⅰ1	114.20	26.98	40.98	23.63	14.00
滨Ⅰ2^1	95.81	25.03	30.54	26.13	5.51
滨Ⅰ2^2	67.33	16.52	23.57	24.55	7.04
滨Ⅰ3^1	106.45	21.78	38.25	20.47	16.47
滨Ⅰ3^2	102.18	30.05	33.79	29.40	3.74
滨Ⅰ4^1	110.55	31.85	38.66	28.82	6.81
滨Ⅰ4^2	102.48	35.09	45.16	34.37	10.07
滨Ⅰ5	131.17	30.81	42.39	23.50	11.58
滨Ⅰ6	71.92	10.29	21.67	18.48	11.38

3）富油砂体与剩余油关系

以港中油田滨Ⅰ1单砂层为例，探讨富油砂体与剩余油的关系。该单砂层富油砂体位于北三断块港359井区、南四断块中8-72井区和中9-65井区、南五断块中7-73井区、南三断块的中8-65井区。定量统计对比了富油砂体与含油砂体的原始油气地质储量、累积产量、可采储量及剩余可采储量的关系（图7.2）。由图可知，5个富油砂体原始地质储量为 97.10×10^4 t，可采储量为 34.84×10^4 t，累积采出为 22.94×10^4 t，剩余可采储量为 11.90×10^4 t。相比之下，含油砂体原始储量小、采出少、剩余油也较少。由此可见，油气富集的砂体仍然是剩余油富集的砂体。

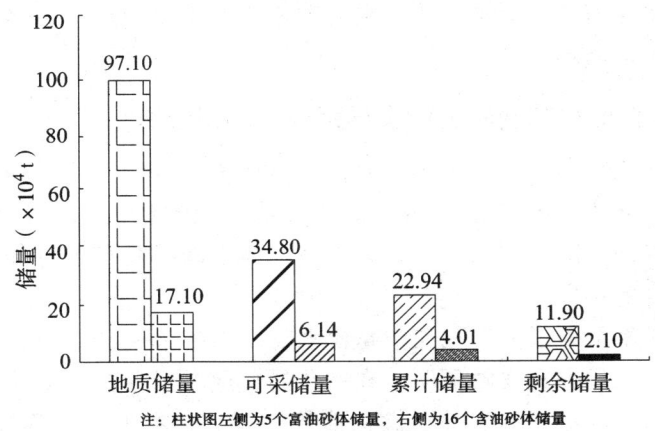

图7.2　港中油田滨Ⅰ1单砂层不同类型油砂体剩余油统计图

7.1.2　剩余油分布主要类型

综合构造、储层等地质研究成果以及动态资料，港中油田已动用油层的剩余油分布主要有4种类型。

1. 断层控制的剩余油

由于断层的侧向遮挡，注入水与油井之间难以形成有效驱替，地层的油气流动性较差或不能流动，因而形成剩余油富集区。港中油田与断层相关剩余油的分布样式有多种表现形式。

2. 微构造控制的剩余油

对于港中复杂构造—岩性油气藏，局部高点、断鼻构造、砂体高部位等有利的微构造发育区，不仅是控制原始油气水宏观分布的重要因素，而且同样也控制着剩余油的分布。在有利的微构造地形单元，剩余油气聚集形成富集区。与原始油气分布范围相比，受微构造控制的剩余油富集区，其油水界面有所抬升，面积缩小，可以存在多个油水界面，剩余油富集区的分布更为零散。

3. 注采井网不完善形成的剩余油

港中油田的滩坝砂形状多以不规则土豆状为主，内部发育不同级次的断层。受沉积、构造以及生产井套变、地理位置受限等地质、开发两方面的影响，地下注采井网难以完善。受注采井网不完善形成的剩余油仍然是港中油田重要的剩余油类型。

4. 富油砂体内部受不同级次界面控制的剩余油

如南四断块等主力注水开发单元，砂体连片性较好，油层厚度大、原始地质储量大、在生产动态上也具有高的产能，经过将近二十余年的注水开发，受沉积界面、隔夹层的影响，在主体砂体内部仍存在水淹程度低、剩余油饱和度较高的层段。

过去认为复杂断层油气藏在中高含水阶段的剩余油分布高度零散，但是经多年来的精细研究和实践证明，在一些局部地方仍存在较多的剩余油富集区，但受控于不同的因素。针对微构造控油模式，本书前面章节已经阐述，因此在此不再详细论述。本书从油田实践出发，研究断层控油和构型夹层控油两种重要的控制剩余油分布模式。

7.2 断层控制剩余油分布模式

港中油田发育不同级次的断层，宏观的断层控制油砂体原始油气水的分布；而三级、四级及其以下大量的微小断层，基本与控制砂体原始油气聚集关系不大，但是对控制剩余油分布起到至关重要的作用。因此，研究断层对剩余油分布的控制作用，总结了断层控油的 6 种模式（图 7.3），对于寻找剩余油富集区、剩余油挖潜及提高采收率具有极其重要的意义[169]。

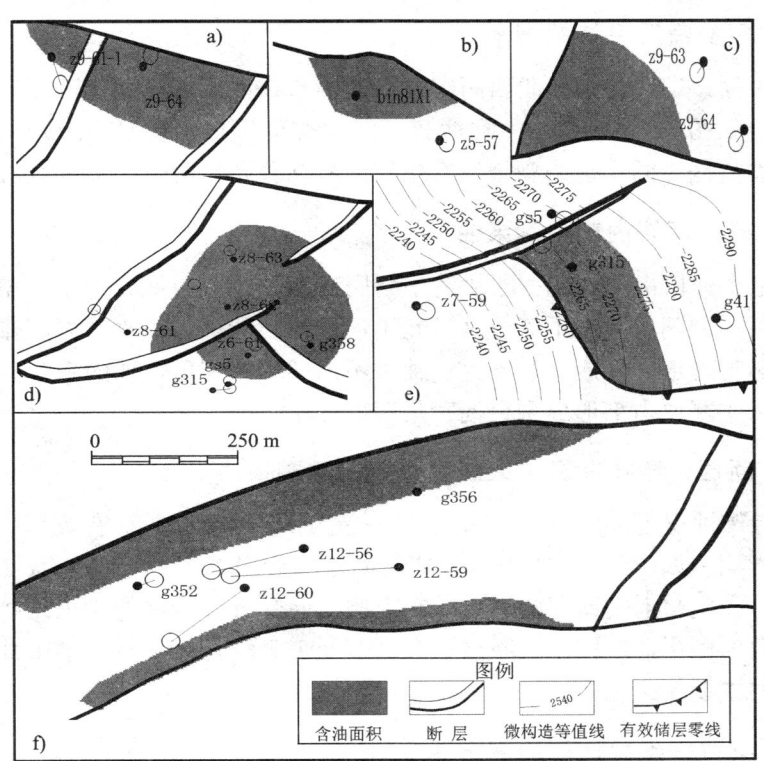

图 7.3　港中油田断层控制剩余油模式图

a) 近平行断层夹持剩余油；b) 断层拐弯处剩余油；c) 斜交断层夹持的剩余油；
d) 复杂断层交汇处的剩余油；e) 断层、微构造及尖灭线复合控制；
f) 平行于断层边部

1. 近平行断层夹持的剩余油

港中油田的应力背景是拉张环境，多形成北东向呈雁列式分布、近平行的断层。在平面上，原来看似规则的注采井网，受断层的分割，而在地下难以形成有效的注采对应关系。如图 7.3 a) 所示，在近平行的断层夹持中，成为剩余油的富集区。

2. 断层拐弯处的剩余油

受地层应力及地层岩石物理性质的差异，断层面在空间的展布并不是一条直线。在岩性软弱的地方，断层面会发生一定程度的弯曲，特别是在断层内凹的部位，形成剩余油的滞留带。如图 7.3 b) 所示，在断层拐弯处易形成剩余油的富集区。

3. 斜交断层夹持的剩余油

港中油田发育北东和北西两组方向的断层，两组断层呈130°或50°的夹角相交。如图7.3 c)所示，在两条断层斜交的区域，在平面上形成三角状的断层夹持区，同样也是剩余油富集区的有利分布位置。

4. 微小断块内部的剩余油

在港中油田南二、南三断块，小断层特别发育。因此，一个完整的油砂体，被断层分割成大小不等、并且互不连通的小断块。油水井之间难以建立有效的驱替通道，形成水注不进、油采不出的生产现象。如图7.3 d)所示，在这些微小断块内部形成剩余油富集区。

5. 断层、微构造及尖灭线复合控制的剩余油

在港中油田更多的剩余油富集区，是受断层、微构造和有效储层尖灭线的共同影响。如图7.3 e)所示，断层的走向和微构造的倾向一致，剩余油的富集，在侧向上受断层的遮挡，在上倾方向受有效储层的尖灭线控制，在下倾方向由微构造线控制。断层、微构造及尖灭线复合夹持是港中油田剩余油分布的主要模式之一。

6. 平行于断层边部的剩余油

如图7.3 f)所示，在板352单砂层，北三—1断块为受滨海控油断层和中9-64井断层所夹持的断块，断块处于有利的构造位置，整体含油性好。在开发中，先后钻了港352井和中12-56井等5口井，开采初期都有较好的产量，但都处于断块的中部，后期因高含水而停井。经区块潜力评价，断块累计产量和原始的地质储量不相符合，该单砂体仍有一定量的剩余油没有开采出来，在平行于断层边部形成有利的剩余油富集带。该富集带长约900m，断层与钻井的直线距离在150~200 m，适合用水平井的方式来挖潜平行于断层边部的剩余油。

7.3 构型对剩余油的控制作用

生产实践表明，在中高含水阶段，不同沉积类型砂体内部仍有一定量的

剩余油没有被开采出来。对这一类剩余油的分布机理的研究，大致有三种认识：砂体的沉积模式是控制剩余油形成及分布的最重要因素[170,171]；夹层对剩余油分布的影响[172-175]；内部构型及构型要素组合对剩余油分布的控制作用[176-178]。

在港中油田沙一段滩坝砂内部仍有大量的剩余油富集。然而，针对滩坝砂体剩余油的研究，多从层间等宏观非均质性入手[31,179]，探讨构型和剩余油关系的文献鲜有报道，缺乏从构型角度对滩坝砂剩余油的认识。因此，下面着重从单一坝及单一坝内部夹层来分析构型对剩余油的控制作用。

7.3.1 单一坝控制的剩余油

选取平面和垂向上的单一坝，结合水淹层资料分析，来分析单一坝对剩余油分布控制作用。研究表明，单一坝控制的剩余油主要2种形式，剩余油富集区主要分布在单一坝的顶底部及边缘地带。

1. 分布在单一坝的顶底部

如图 7.4 所示，研究区中 8-72-1 井与中 8-72 井，中 9-68-2 井分别位于两个单一坝，两单一坝之间发育中 9-70 井钻遇的坝间泥岩。两个单一坝砂体基本处于中高水淹程度，垂向上看，在中 8-72 井的顶部以及中 9-68-2 井的顶底部的层段为弱水淹，在这些层段形成剩余油的富集区。单一坝的顶底部是剩余油有利的富集区，其原因与单一坝在沉积初始和结束阶

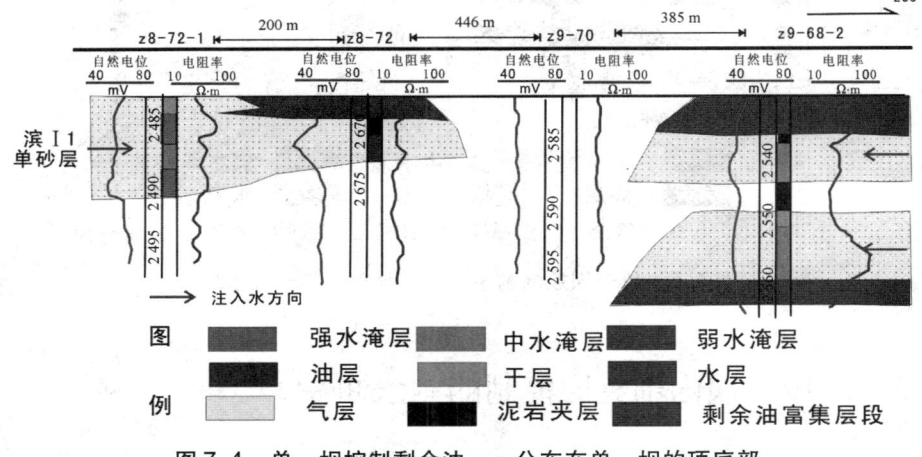

图 7.4 单一坝控制剩余油——分布在单一坝的顶底部

段,由于水动力条件的变化,形成泥质含量较多的坝顶和坝底沉积,其物性较差,层理相对发育有关。

2. 分布在单一坝边缘部位

单一坝的坝主体部位砂体厚度大,储层物性好,注入水水侵速度快,水淹程度高,为强水淹;而在单一坝的边部,砂体厚度较薄,物性较差,干层多,泥岩夹层发育。由于夹层的侧向遮挡作用,水淹程度较低,一般为弱水淹。

如图 7.5 所示,中 10-58 井、中 10-59 井、中 10-59-2 井与中 9-61-1 井分别钻遇滨 $I3^1$ 和滨 $I3^2$ 两个单一坝,两个单一坝之间发育稳定的泥岩夹层。在滨 $I3^1$ 单一坝,中 9-61-1 井为注水井,注入水向中 10-59-2 井—中 10-59 井方向推进,经水淹层解释,剩余油主要分布在靠近单一坝边缘附近的中 10-59 井 2 500.0 m 和中 10-58 井 2 485.0 m 弱水淹层段。在滨 $I3^2$ 单一坝,剩余油也主要分布在靠近单一坝的边缘附近,同时受内部夹层的影响,剩余油呈现多段富集条带状分布的特点。

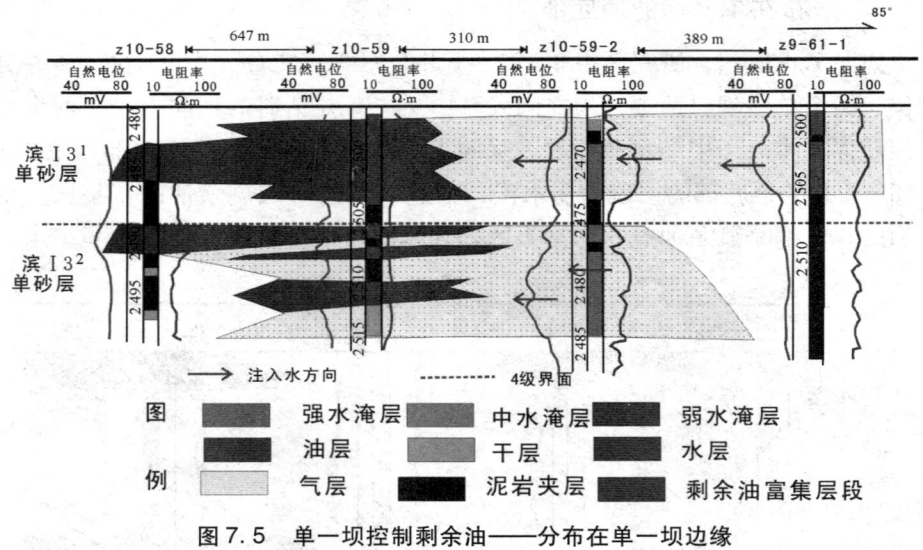

图 7.5 单一坝控制剩余油——分布在单一坝边缘

7.3.2 单一坝内部夹层控制的剩余油

单一坝内部不同类型的夹层以及注采井的射孔段位置控制着注入水的驱

替方向和强度,尤其是夹层的倾向和延伸距离是影响单一坝内剩余油分布的关键因素。根据夹层类型、注采射孔段组合方式总结了10种单一坝内部夹层控制剩余油的分布模式。

首先根据单一坝内部夹层的倾向和延伸距离,可以划分为近井地带发育的近水平夹层和井间相对连续低缓倾角泥岩夹层两大类。在考虑注水井目的层段全射孔的前提下,对于第一大类,又根据注水井钻遇夹层、采油井钻遇夹层以及射孔段位置,详细分为6种模式(表7.3,图7.6)。

表7.3 近水平夹层控制剩余油模式分类

夹层倾向和 延伸距离	油水井与夹层关系	射孔位置 (未钻遇夹层井目的层段全射孔)
近井地带发育 的近水平夹层	采油井钻遇夹层	夹层上下都射孔 夹层上部射孔,下部未射孔 夹层下部射孔,上部未射孔
	注水井钻遇夹层	夹层上下都射孔 夹层上部射孔,下部未射孔 夹层下部射孔,上部未射孔

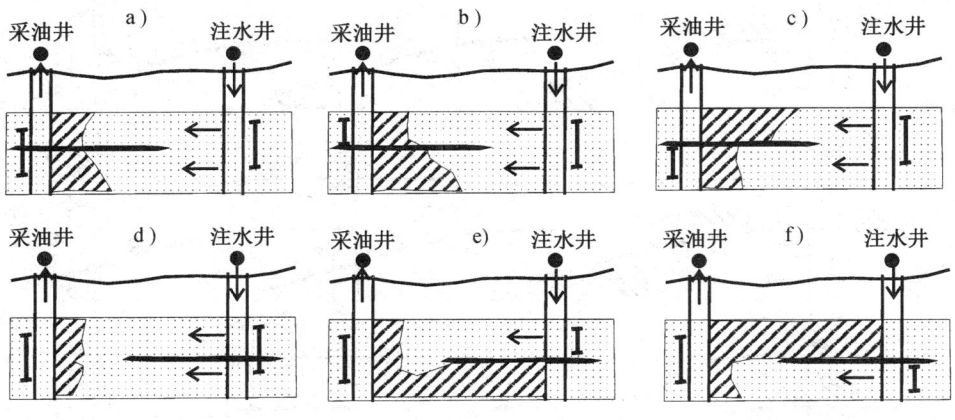

图7.6 单一坝内近水平夹层控制剩余油分布模式

a) 采油井钻遇夹层,夹层上下都射孔;b) 采油井钻遇夹层,夹层上部射孔;
c) 采油井钻遇夹层,夹层下部射孔;d) 注水井钻遇夹层,夹层上下都射孔;
e) 注水井钻遇夹层,夹层上部射孔;f) 注水井钻遇夹层,夹层下部射孔

6种剩余油分布模式中,以注水井钻遇夹层,油井上下都射孔的模式的水驱效果最好,剩余油较少[图7.6 d)];以油井钻遇夹层,上下都射孔的

模式水驱效果次之［图7.6 a）］。对于其他的4种模式，剩余油的分布与夹层、射孔位置有关，因为射孔层段的不对应，无论夹层是在油井钻遇还是在注水井钻遇，夹层都表现出极强的剩余油控制作用。其中，受水井射孔程度的影响以及夹层的阻挡作用，剩余油在水井未射孔的层段形成富集区［图7.6 e），图7.6 f）］。

对于第二大类，将采油井和注水井钻遇低缓倾角泥岩夹层的空间组合关系，划分为4种模式（图7.7）。在单一坝内部发育夹层①、夹层②、夹层③三个低缓角度的泥岩夹层，采油井的两侧分布2口注水井，油井为双向受效井。但是由于泥岩夹层的分布和油水井钻遇夹层的位置不同，组成了4种不同的空间组合方式，形成了不同的剩余油分布模式。

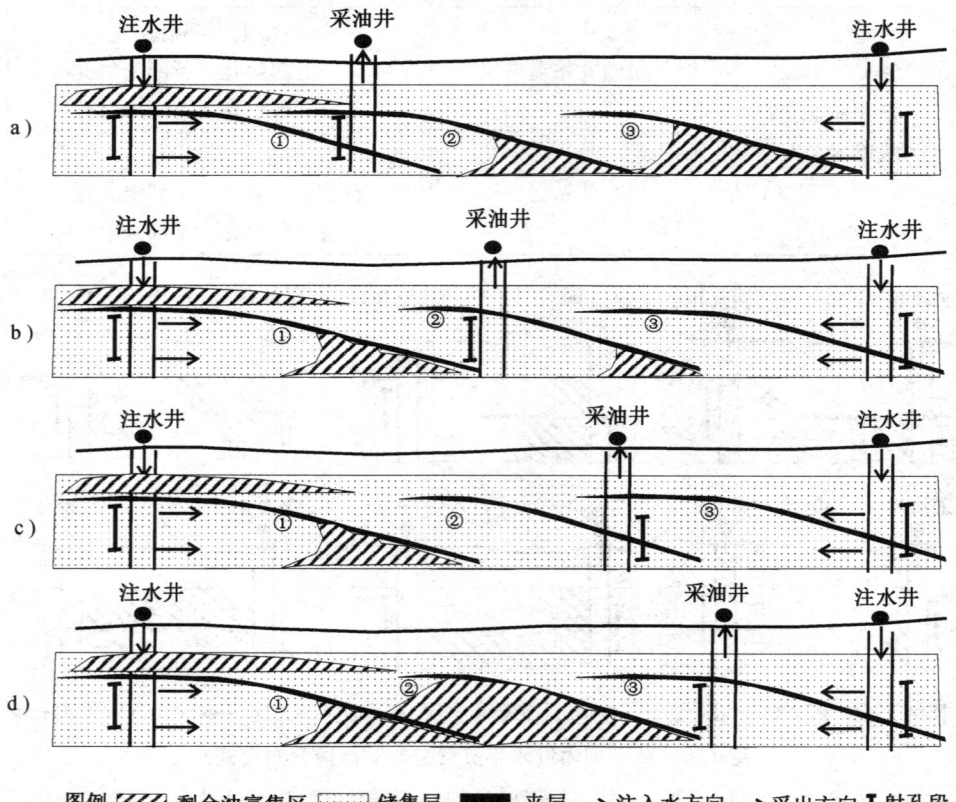

图7.7 单一坝内低缓倾角夹层控制剩余油分布模式
a）油井钻遇夹层①和②；b）油井钻遇夹层②；
c）油井钻遇夹层②和③；d）油井钻遇夹层③

如图 7.7 a）所示，采油井靠近左侧的注水井，钻遇夹层①、夹层②两个泥岩夹层，剩余油的分布主要在夹层①的顶部和夹层②底部的锐角区。此外，右侧的注水井受夹层③的侧向遮挡，注入水突破夹层的延伸范围后，在重力作用下，部分原油被驱替出来，在夹层③的下倾方向形成部分死油区。

如图 7.7 b）所示，3 口注采井分别钻遇夹层①、夹层②、夹层③三个泥岩夹层，从该图上看，三口井形似三个单独的注采系统，剩余油除夹层①的顶部之外，还在夹层①、夹层②底部有少量的剩余油。

如图 7.7 c）所示，左右两侧的 2 口注水井，分别钻遇夹层①、夹层③两个泥岩夹层；中间的采油井钻遇夹层②、夹层③两个泥岩夹层。受夹层②、夹层③两夹层的分割注水—采油，水驱程度好，基本上没有剩余油。在此情况下，低缓倾角的夹层对于提高水驱程度发挥着积极的作用。剩余油仅在夹层①的顶部和底部的锐角区有少量分布。

如图 7.7 d）所示，左侧注水井分别泥岩夹层①；中间的采油井和右侧的注水井钻遇泥岩夹层③；中部泥岩夹层②没有钻井钻遇。与前面三种模式相比，泥岩夹层的发育降低了水驱程度，砂体内部的剩余油最为富集，剩余油不仅在夹层①的顶部和底部的锐角区有所分布，而且受泥岩夹层②的控制，在其下倾方向保存了大量的剩余油。

第8章 结论与认识

本书紧紧围绕复杂断块滩坝砂储层构型及控油模式这一核心问题，综合多学科理论与研究成果，对港中油田沙一段湖泊滩坝砂体内部构型及控油模式进行了研究，主要取得了以下结论与认识：

（1）根据高分辨率层序地层和现代沉积学理论，运用井震结合，旋回对比，模式指导的原则，建立了滩坝砂单砂层井间对比的3种模式，并将港中油田沙河街组沙一下亚段细分为3个油组、13个小层、18个单砂层。

（2）结合地震及单砂层资料，总结归纳了港中油田6种断裂构造样式和4种主要的微构造类型。

（3）结合青海湖现代沉积考察资料，将湖泊相滨浅湖亚相滩坝砂划分为坝主体、坝缘、滩砂、湖湾和浅湖泥5种微相类型，完善了湖泊滩坝砂沉积微相类型的划分方案。

（4）借助古生物、粒度、沉积构造等资料，总结出湖泊滩坝砂沉积微相的6种识别标志；通过微相分析建立了港中油田沙一下段滩坝砂沉积模式。

（5）通过储层四性关系的研究，界定出港中油田有效储层砂体识别标准：岩性以细砂岩为主，含油性标准在油迹以上，大多为油斑和油侵级别；电性主要从 AC 曲线识别，声波时差曲线 AC 值 > 260 μs/m；孔隙度 $> 15.6\%$，渗透率 $> 1.5 \times 10^{-3}$ μm^2。

（6）提出了富油砂体的概念和标准，并确定出了富油砂体的分布范围。富油砂体是指经生产证实原始油气相对富集的油砂体，一般富油砂体的地质储量大于 10×10^4 t，试油（或初期日产）大于 20 t，并且具有原始地层压力高、稳产时间长、单层累积产量高的特点。富油砂体主要分布在南四、南三及北三断块；层位上主要分布在滨 I 1、滨 I 3^1、滨 I 4^1、滨 I 4^2、滨 I 5 五个主力单砂层。

（7）对富油砂体主要控油因素进行了分析，总结出5种重要的单砂体控油模式，形成了一套"单砂体分布—有效储层砂体—油砂体—富油砂体"研究方法。

（8）运用现代沉积、露头资料取得了单一坝砂内部构型模式的定性认识。单一坝为底平顶凸、近陡远缓（近岸陡，远岸缓）不对称形态；在剖面上呈斜列状排列，沉积层序向湖盆方向倾斜；单一坝内部存在泥质、钙质夹层，一般以低缓倾角向湖盆方向断续延伸。

（9）系统地界定了港中油田沙一段滩坝砂各级构型界面，总结出6种3级界面识别方法和单一坝的6种垂向组合特征和4种平面识别标志。平均长度1 036 m，平均宽度421 m，平均厚度8.7 m，平均长宽比2.5，平均宽厚比49.1；其长轴方向为北北东15°和北西西295°，并且以北北东方向为主。

（10）取得了滩坝砂内部3级构型界面处可发育泥质、钙质夹层的新认识，首次提出了夹层倾角计算新方法——三维模型层面扫描最大值法，即在三维空间沿3级构型界面进行扫描计算真倾角。通过单一坝内部夹层识别，夹层倾向倾角及坝内增生体规模的估算，揭示了夹层发育规律。滩坝砂单一坝主要发育泥岩夹层；靠近岸线一侧，泥岩夹层近水平方向展布；在单一坝的中心及靠近湖方向，泥岩夹层一般低缓倾角向湖盆方向倾斜；在回流带，泥岩夹层不易保存。经计算，夹层的倾角一般较小，为2°~5°，侧向泥岩夹层平均密度1条/70 m，坝内增生体的规模为60~90 m。

（11）综合构造、储层等动静态资料，从断层和构型两个角度，单一坝及单一坝内部两个层次，探讨了高含水期湖泊滩坝砂体内部剩余油分布，总结了2大类18种剩余油分布模式，丰富了复杂断块油田剩余油分布理论。

本书开展了港中油田滩坝砂体控油模式及内部构型的研究工作，明晰了油砂体分布的主控因素，建立了复杂断块单砂体级别的控油模式；探讨储层内部构型特征，揭示主力砂体内部剩余油分布规律的研究，对于复杂断块滩坝砂油气藏的二次开发，提高油田的最终采收率，具有非常重要的理论意义和现实意义。

但是，由于缺乏更加精细的露头剖面资料，以及受实际工区复杂断层和井网条件的限制，关于滩坝砂储层构型的研究还存在一些难度，有待于今后的进一步完善提高。同时，本书对富油砂体及其主控因素、控油模式研究，意在指导寻找剩余油潜力砂体；关于剩余油的分布模式多是从开发地质角度定性的阐述，缺乏数模结果等定量数据的支持。因此，剩余油分布的定量化以及研究构型对剩余油控制程度的定量化，也是今后要攻关的方向。

参考文献

[1] 裘怿楠. 中国陆相碎屑岩储层沉积学的进展 [J]. 沉积学报, 1992, 10 (3): 16 - 23.

[2] 杨勇强, 邱隆伟, 姜在兴, 等. 陆相断陷湖盆滩坝沉积模式——以东营凹陷古近系沙四上亚段为例 [J]. 石油学报, 2011, 32 (3): 417 - 423.

[3] 李先平, 于兴河, 李胜利, 等. 冀中坳陷深县凹陷古近系沙河街组沙一段沉积相特征 [J]. 古地理学报, 2011, 13 (3): 262 - 270.

[4] 马立祥, 邓宏文, 林会喜, 等. 济阳坳陷三种典型滩坝相的空间分布模式 [J]. 地质科技情报, 2009, 28 (2): 66 - 71.

[5] 邓宏文, 马立祥, 姜正龙, 等. 车镇凹陷大王北地区沙二段滩坝成因类型、分布规律与控制因素研究 [J]. 沉积学报, 2008, 26 (5): 716 - 724.

[6] 赵宁, 邓宏文. 沾化凹陷桩西地区沙二上亚段滩坝沉积规律及控制因素研究 [J]. 沉积学报, 2010, 28 (3): 441 - 450.

[7] 赵宁, 邓宏文, 王训练. 济阳坳陷沾化凹陷古近系沙河街组二段潜山周缘滩坝及物性特征 [J]. 古地理学报, 2010, 12 (1): 57 - 68.

[8] 张鑫, 张金亮. 惠民凹陷中央隆起带沙四上亚段滩坝与风暴岩组合沉积 [J]. 沉积学报, 2009, 27 (2): 246 - 253.

[9] 侯伟, 樊太亮, 王海华, 等. 长岭凹陷沉积微相对岩性油气藏的控制作用——以腰英台地区青山口组为例 [J]. 沉积与特提斯地质, 2011, 31 (2): 26 - 33.

[10] 周总瑛, 张抗. 中国油田开发现状与前景分析 [J]. 石油勘探与开发, 2004, 31 (1): 84 - 87.

[11] 韩大匡. 深度开发高含水油田提高采收率问题的探讨 [J]. 石油勘探与开发, 1995, 22 (5): 47 - 55.

[12] 俞启泰. 关于剩余油研究的探讨 [J]. 石油勘探与开发, 1997, 24 (2): 46-50.

[13] 李阳, 王端平, 刘建民. 陆相水驱油藏剩余油富集区研究 [J]. 石油勘探与开发, 2005, 32 (3): 91-96.

[14] Li Y, Zhong G L. Exploration technology for complex sandstone reservoirs in the developed oilfield of Shengli oilfield [J]. Engineering Sciences, 2003, 1 (2): 67-74.

[15] 吴崇筠. 湖盆砂体类型 [J]. 沉积学报, 1986, 4 (4): 1-27.

[16] 姜在兴. 沉积学 [M]. 北京: 石油工业出版社, 2003.

[17] Cross T A. High-Resolution Stratigraphy of the Green River Formation at Raven Ridge and Red Wash Field [J]. NE Uinta Basin: Facies and Stratigraphic Patterns in a High-Gradient High-Energy Lacustrine System, 2007 (74): 1197-1214.

[18] Reading H G. 沉积环境和相 [M]. 周明鉴, 译. 北京: 科学出版社, 1985.

[19] Selley R C. Applied Sedementology (Second Edition) [J]. Academic Press, 2000, 52: 234-237.

[20] Zhang J L. Beach and bar deposits of the palaeogene Dongying formation in the Henan oilfield [J]. Scientia Geologica Sinica, 1996, 497-504.

[21] 张金亮, 沈凤. 贝尔凹陷大磨拐河组沉积特征及成岩作用 [J]. 新疆石油地质, 1990, 11 (2): 103-111.

[22] 李国斌, 姜在兴, 王升兰, 等. 薄互层滩坝砂体的定量预测——以东营凹陷古近系沙四上亚段 (Es4$^\text{上}$) 为例 [J]. 中国地质, 2010, 37 (6): 33-38.

[23] 陈世悦, 杨剑萍, 操应长. 惠民凹陷西部下第三系沙河街组两种滩坝沉积特征 [J]. 煤田地质与勘探, 2000, 28 (3): 1-4.

[24] 常德双, 卢刚臣, 孔凡东, 等. 大港油田湖泊浅水滩、坝油气藏勘探实践 [J]. 石油天然气学报 (江汉石油学院学报), 2005, 27 (2): 292-293.

[25] 李秀华, 肖焕钦, 王宁. 东营凹陷博兴洼陷沙四段上亚段储集层特征及油气富集规律 [J]. 油气地质与采收率, 2001, 8 (3): 21-24.

[26] 朱筱敏, 信荃麟, 张晋仁. 断陷湖盆滩坝储集体沉积特征及沉积模式

[J]．沉积学报，1994，12（2）：20-28．

[27] Charles V, Campbell. Depositional model - upper Cretaceous gall up ship rock oilfield, northwestern new beach shoreline Mexico [J]．Journal of Sedimentary Petrology，1971，41（2）：395-409．

[28] Gordon S, Fraser. Sediments and sedimentary structures of a beach - ridge complex southwestern shore of lake Michigan [J]．Journal of Sedimentary Petrology，1977，47（3）：1187-1200．

[29] 于兴河．碎屑岩系油气储层沉积学［M］．北京：石油工业出版社，2008．

[30] 朱筱敏．沉积岩石学［M］．北京：石油工业出版社，2008．

[31] 曾发富，董春梅，宋浩生，等．滩坝相低渗透油藏储层非均质性与剩余油分布［J］．石油大学学报：自然科学版，1998，22（6）：39-45．

[32] 刘为付，刘双龙，孙立新，等．大港枣园油田孔二段储层综合评价［J］．大庆石油学院学报，2000，24（3）：5-7．

[33] 伊强，周京津，郭志远，等．惠民凹陷沙河街组滨浅湖碎屑滩坝沉积特征［J］．西部探矿工程，2006，24（3）：213-214．

[34] 郭建卿，林承焰，董春梅．博兴油田滩坝相高分辨率层序地层对比及垂向砂体展布特征［J］．特种油气藏，2011，18（3）：20-23．

[35] 王升兰．博兴洼陷沙四上亚段滩坝沉积体系研究［D］．北京：中国地质大学（北京），2008．

[36] 王树恒，吴河勇，辛仁臣，等．松辽盆地北部西部斜坡高台子油层二砂组沉积微相研究田［J］．大庆石油地质与开发，2006，25（3）：10-12．

[37] 李安夏，王冠民，庞小军，等．间歇性波浪条件下湖相滩坝砂的结构特征——以东营凹陷南斜坡王73井区沙四段为例［J］．油气地质与采收率，2010，17（3）：12-15．

[38] 周丽清，邵德艳．板桥凹陷沙河街组滩坝砂体［J］．石油与天然气地质，1998，19（4）：351-355．

[39] 路顺行．大王北地区沙二段高频层序与滩坝储层研究［D］．青岛：中国海洋大学，2008．

[40] Allen J R L. Studies in fluviatile sedimentation：bars，bar complexes and

sandstone sheets (lower - sinuosity braided streams) in the Brownstones (L Devonian), Welsh Borders [J]. Sedimentary Geology, 1983 (33): 237-293.

[41] Miall A D. Architectural - element analysis: A new method of facies analysis applied to fluvial deposits [J]. Earth Science Reviews, 1985 (22): 261-308.

[42] Willis B J, Behrensmeyer A K. Architecture of Miocene overbank deposits in northern Pakistan [J]. Journal of Sedimentary Research, 1994, 64 (2): 60-67.

[43] Neton M J, Joachim D, Christopher D O, et al. Young Architecture and directional scales of heterogeneity in alluvial - fan aquifers [J]. Journal of Sedimentary Research, 1994, 64 (5): 245-257.

[44] 解习农,李思田,高东升,等. 江西丰城矿区障壁坝砂体内部构成及沉积模式 [J]. 岩相古地理, 1994, 14 (4): 1-9.

[45] 付清平,李思田. 湖泊三角洲平原砂体的露头构形分析 [J]. 岩相古地理, 1994, 14 (5): 21-33.

[46] Clark J D, Kevin T P. Architectural elements and growth patterns of submarine channels, application to hydrocarbon exploration [J]. AAPG Bulletin, 1996, 80 (2): 194-221.

[47] 张昌民,徐龙,林克湘,等. 青海油砂山油田第68层分流河道砂体解剖学 [J]. 沉积学报, 1996, 14 (4): 70-75.

[48] Miall A D. Hierarchies of architectural units in terrigenous clastic rocks, and their relationship to sedimentation rate, in: Miall A D and Tyler N eds [J]. The three - dimensional facies architecture of terrigenous clastic sediments and its implications for hydrocarbon discovery and recovery: SEPM Concepts in Sedimentology and Paleon - tology, 1991 (3): 6-12.

[49] Rucsandra M, Corbeanu, Kristian S, et al. Detailed internal architecture of a fluvial channel sandstone determined from outcrop, cores, and 3 - D ground - penetrating radar: Example from the middle Cretaceous Ferron Sandstone, east - central Utah [J]. AAPG Bulletin, 2001 (85): 1583-1608.

[50] Vitor A, Morgan S, Calos P, et al. Lateral accretion packages (LAPs):

an important reservoir element in deep water sinuous channels. Marine and Petroleum Geology, 2003, 20 (7): 631-648.

[51] Makaske B, Weerts H J T. Muddy lateral accretion and low stream power in a subrecent confined channel belt, Rhine - Meuse delta, central Netherlands [J]. Sedimentology, 2005 (52): 651-668.

[52] Richard L, Richard R J. Characterization of fluvial architectural elements - using a three - dimensional outcrop data set: Escanilla braided system [J]. South Central Pyrenees, Spain, Geosphere, 2007, 3 (6): 422-434.

[53] Marinus E D, Irina O. Connectivity of fluvial point - bar deposits: An example from the Miocene Huesca fluvial fan [J]. Ebro Basin, Spain, AAPG Bulletin, 2008, 92 (9): 1109-1129.

[54] Matthew J P, Marielis F V, Thomas L D. Characterization and 3D reservoir modelling of fluvial sandstones of the Williams Fork Formation [J]. Rulison Field, Piceance Basin, Colorado, USA, AAPG Bulletin, 2008, 5 (2): 158-172.

[55] 薛培华. 河流点坝相储层模式概论 [M]. 北京: 石油工业出版社, 1991.

[56] 刘站立, 焦养泉. 曲流河成因相构成及其空间配置关系——鄂尔多斯盆地中生代露头沉积学地质考察 [J]. 大庆石油地质与开发, 1996, 15 (3): 6-9.

[57] 尹燕义, 王国娟, 祁小明. 曲流河点坝储集层侧积体类型研究 [J]. 石油勘探与开发, 1998, 25 (2): 37-40.

[58] 刘顺生, 焦养泉, 郎凤江, 等. 准格尔盆地西北缘露头区克拉玛依组沉积体系及演化序列分析 [J]. 新疆石油地质, 1999, 20 (6): 485-489.

[59] 马世忠, 杨清彦. 曲流点坝沉积模式、三维构形及其非均质模型 [J]. 沉积学报, 2000, 18 (2): 241-247.

[60] 岳大力. 曲流河储层构型分析与剩余油分布模式研究——以孤岛油田馆陶组为例 [D]. 北京: 中国石油大学 (北京), 2006.

[61] 何文祥, 吴胜和, 唐义疆, 等. 河口坝砂体构型精细解剖 [J]. 石油勘探与开发, 2005, 32 (5): 42-46.

[62] 焦巧平, 高建, 侯加根, 等. 洪积扇相砂砾岩体储层构型研究方法探

讨[J]. 地质科技情报, 2009, 28 (6): 57-63.

[63] Greenwood B, Davidson, Arnott R G D. Sedimentation and equilibrium in wave-formed bars: a review and case study [J]. Earth SCI, 1979 (16): 312-332.

[64] Shanmugam G, Poffenberger M, Toro Á J. Tide-Dominated Estuarine Facies in the Hollin and Napo ("T" and "U") Formations (Cretaceous) [J]. Sacha Field, Oriente Basin, Ecuador, AAPG Bulletin, 2000, 84 (5): 652-682.

[65] Sech R P, Jackson M D, Hampson G J. Three-dimensional modeling of a shoreface-shelf parasequence reservoir analog: Part 1—Surface-based modeling to capture high-resolution facies architecture [J]. AAPG Bulletin, 2009, 93 (9): 1155-1181.

[66] Bann K L, Fielding C R, MacEachern J A, et al. Differentiation of estuarine and offshore marine deposits using integrated ichnology and sedimentology: Permian Pebbley Beach Formation, Sydney Basin, Australia [J]. Geological Society, 2004, 228 (1): 179-211.

[67] Sadooni1 F N, Alsharhan A S. Stratigraphy, lithofacies distribution, and petroleum potential of the Triassic strata of the northern Arabian plate [J]. AAPG Bulletin, 2003, 87 (12): 1851-1868.

[68] Lesli J W. 利用古代和现代沉积体系的资料预测潮汐砂体储层构型 [C] //蔡希源, 李思田, 郑和荣, 等. 储层模拟中露头和现代沉积类比的综合研究. 北京: 地质出版社, 2008: 43-62.

[69] 陈清华, 王亚玲, 金大伟. 碳酸盐岩滩坝相储层精细划分对比的新方法——以东营凹陷史南地区沙一段3砂组为例 [J]. 石油天然气学报 (江汉石油学院学报), 2008, 30 (3): 1-4.

[70] 金大伟. 储层构成单元分析法在碳酸盐岩滩坝储层精细划分对比中的应用 [J]. 石油地质与工程: 大庆石油地质与开发, 2009, 23 (3): 56-58.

[71] 李阳. 我国油藏开发地质研究进展 [J]. 石油学报, 2007, 28 (3): 75-79.

[72] 陈程, 孙义梅. 厚油层内部夹层分布模式及对开发效果的影响 [J]. 大庆石油地质与开发, 2003, 22 (2): 24-27.

[73] 郭长春,李阳. 河流相储层中夹层的发育规律及预测 [J]. 石油天然气学报(江汉石油学院学报),2006,28(4):200-203.

[74] 张为民,裘怿楠,田昌炳. 重新认识河道砂体储层层内非均质性——从注水开发高含水阶段挖掘层内剩余油潜力谈起 [J]. 大庆石油地质与开发,2008,27(5):45-48.

[75] 赵翰卿,付志国,吕晓光,等. 大型河流—三角洲沉积储层精细描述方法 [J]. 石油学报,2000,21(4):109-113.

[76] 周国文,谭成仟,郑小武,等. H油田隔夹层测井识别方法研究 [J]. 石油物探,2006,45(5):542-545.

[77] 窦松江,季领,王海波,等. 王官屯油田中生界厚油层内隔夹层研究 [J]. 石油地质与工程,2008,22(1):48-51.

[78] 严耀祖,段天向. 厚油层中隔夹层识别及井间预测技术 [J]. 岩性油气藏,2008,20(2):127-131.

[79] 吴胜和,岳大力,刘建民,等. 地下古河道储层构型的层次建模研究 [J]. 中国科学D辑:地球科学,2008,38(增刊Ⅰ):111-121.

[80] 刘钰铭,侯加根,王连敏,等. 辫状河储层构型分析 [J]. 中国石油大学学报:自然科学版,2009,33(1):7-11.

[81] 王改云,杨少春,廖飞燕,等. 辫状河储层中隔夹层的层次结构分析 [J]. 天然气地球科学,2009,20(3):378-383.

[82] Keumsuk L,Zeng X X,George A M,et al. A ground-penetrating radar survey of a delta-front reservoir analog in the Wall Creek Member,Frontier Formation,Wyoming [J]. AAPG Bulletin,2005,89(9):1139-1155.

[83] 张善严,刘波,陈国飞,等. 水平井岩心侧积夹层初探 [J]. 大庆石油地质与开发,2007,26(6):56-60.

[84] 徐建华,朱德怀,陈宝树,等. 利用水平井电阻率测井资料判断油水界面和薄夹层 [J]. 石油地球物理勘探,1996,31(4):541-545.

[85] 周银邦,吴胜和,岳大力,等. 点坝内部侧积层倾角控制因素分析及识别方法 [J]. 中国石油大学学报(自然科学版),2009,33(2):7-11.

[86] 温立峰,吴胜和,王延忠,等. 河控三角洲河口坝地下储层构型精细解剖方法 [J]. 中南大学学报(自然科学版),2011,42(4):1072

-1078.
- [87] 周新茂, 高兴军, 田昌炳, 等. 曲流河点坝内部构型要素的定量描述及应用 [J]. 天然气地球科学, 2010, 21 (6): 421-426.
- [88] 裘怿楠, 许仕策, 肖敬修. 沉积方式与碎屑岩储层的层内非均质性 [J]. 石油学报, 1985, 6 (1): 41-49.
- [89] 杨国安, 邢卫东, 刘广华, 等. 港中开发区沙河街组沉积微相与油气分布 [J]. 石油学报, 2004, 34 (1): 93-96.
- [90] 王金铎, 许淑梅, 于建国, 等. 用波形分析法预测滨浅湖滩坝砂岩储层: 以东营凹陷西部地区沙-4上亚段为例 [J]. 地球科学: 中国地质大学学报, 2008, 33 (5): 627-634.
- [91] 王萍, 钟建华, 邱隆伟, 等. 东营凹陷陈官庄地区沙四段下亚段储层沉积相 [J]. 油气地质与采收率, 2009, 16 (2): 30-32.
- [92] 刘宝珺, 谢俊, 张金亮. 我国剩余油技术研究现状与进展 [J]. 西北地质, 2004, 37 (4): 1-6.
- [93] 吴元燕, 吴胜和, 蔡正旗. 油矿地质学 [M]. 3版. 北京: 石油工业出版社, 2005.
- [94] 刘喜顺. 极复杂断块油藏高含水开发期剩余油分布与挖潜对策研究 [J]. 新疆石油天然气, 2008, 4 (4): 69-72.
- [95] 窦松江, 周嘉玺. 复杂断块油藏剩余油分布及配套挖潜对策 [J]. 石油勘探与开发, 2003, 30 (5): 90-93.
- [96] 王娟茹, 邵先杰, 胡景双, 等. 复杂小断块油田剩余油分布规律——以杨家坝油田为例 [J]. 油气地质与采收率, 2009, 16 (3): 76-78.
- [97] 窦松江, 赵平起. 断层封闭性在油田开发中的研究与应用 [J]. 断块油气田, 2010, 17 (1): 28-31.
- [98] 吕延防, 李国会, 王跃文, 等. 断层封闭性的定量研究方法 [J]. 石油学报, 1996, 17 (3): 39-45.
- [99] Ambrose W A, Mendez M, Saleem A M. Geological controls on remaining oil in Miocene fluvial and shoreface reservoirs in the Mioceno Norte oilfield, Lake Maracaibo, Venezuela [J]. Petroleum Geoscience, 1998, 4 (4): 363-376.
- [100] 陶自强, 王丽荣, 谭幸, 等. 港西复杂断块油田二次开发研究与应用[J]. 天然气地球科学, 2010, 21 (4): 632-637.

[101] 刘文岭, 韩大匡, 程蒲, 等. 高含水油田井震联合重构地下认识体系[J]. 石油地球物理勘探, 2011, 46 (6): 930-937.

[102] 陈永生. 油田非均质对策论[M]. 北京: 石油工业出版社, 1993.

[103] 徐安娜, 穆龙新, 裘怿楠. 我国不同沉积类型储集层中的储量和可动剩余油分布规律[J]. 石油勘探与开发, 1998, 25 (5): 41-44.

[104] 孙锡年, 刘渝, 满燕. 东营凹陷西部沙四段滩坝砂岩油气成藏条件[J]. 国外油田工程, 2003, 19 (7): 24-25.

[105] 杨西燕, 沈昭国, 方少仙, 等. 鄂尔多斯盆地乌审旗气田中二叠统下石盒子组盒8段下亚段滩坝砂体沉积特征[J]. 古地理学报, 2007, 9 (2): 175-183.

[106] 郭艳东, 赵英杰, 姜在兴. 高精度层序地层学在滩坝砂体勘探中的应用——以惠民凹陷沙四上亚段为例[J]. 石油天然气学报（江汉石油学院学报）, 2009, 31 (5): 209-212.

[107] 朱筱敏, 董艳蕾, 郭长敏, 等. 歧口凹陷沙河街组一段层序格架和储层质量分析[J]. 沉积学报, 2007, 25 (6): 934-941.

[108] 苏妮娜, 金振奎, 宋璠. 黄骅坳陷北大港构造带沙河街组碎屑岩储层特征及其控制因素[J]. 中国石油大学学报（自然科学版）, 2009, 33 (6): 27-31.

[109] 张小莉, 查明, 王鹏. 单砂体高部位油水倒置分布的成因机制[J]. 沉积学报, 2006, 24 (1): 148-152.

[110] 毛志强. 非均质储层夹层控油作用初论——非均质储层油气分布规律及测井响应特征[J]. 地球科学: 中国地质大学学报, 2003, 28 (2): 196-200.

[111] 邱楠生, 万晓龙, 金之钧, 等. 渗透率级差对透镜状砂体成藏的控制模式[J]. 石油勘探与开发, 2003, 30 (3): 48-52.

[112] 张荻楠, 刘淑琴. 特低渗透油层储层非均质性对油水分布的影响[J]. 大庆石油地质与开发, 2000, 19 (5): 7-12.

[113] 王延章, 林承焰, 董春梅, 等. 夹层及物性遮挡带的成因及其对油藏的控制作用——以准噶尔盆地莫西庄地区三工河组为例[J]. 石油勘探与开发, 2006, 33 (3): 319-321, 325.

[114] 邹志文, 斯春松, 杨梦云. 隔夹层成因、分布及其对油水分布的影

响——以准噶尔盆地腹部莫索湾莫北地区为例［J］．岩性油气藏，2010，22（3）：66－70，90．

［115］宋鹤，吴胜和，朱文春，等．黄骅坳陷唐家河油田古近系沙河街组沙一段下部储层质量研究［J］．古地理学报，2005，7（2）：276－282．

［116］林承焰，谭丽娟，于翠玲．论油气分布的不均一性（II）——非均质控油理论探讨［J］．岩性油气藏，2007，19（3）：14－22．

［117］孙雨，马世忠，刘云燕，等．松辽盆地三肇凹陷葡萄花油层局部构造控油模式探讨［J］．地质论评，2009，55（5）：693－700．

［118］渠芳，陈清华，连承波．河流相储层构型及其对油水分布的控制［J］．中国石油大学学报：自然科学版，2008，32（3）：14－18．

［119］侯加根，刘钰铭，徐芳，等．黄骅坳陷孔店油田新近系馆陶组辫状河砂体构型及含油气性差异成因［J］．古地理学报，2008，10（5）：459－464．

［120］大港油田石油地质志编写组．中国石油地质志（卷六）：大港油田［J］．北京：石油工业出版社，1993．

［121］卢刚臣，石慧敏，刘轶英，等．成熟区岩性油气藏勘探新认识［J］．石油地球物理勘探，2006，41（4）：468－475．

［122］李新全，王萍，胡景双，等．高集油田微构造特征及成因类型分析［J］．复杂油气藏，2009，2（2）：16－19．

［123］李鹏，钱丽萍，石桥，等．大庆高密度井网开发区地震解释技术的应用效果［J］．石油地球物理勘探，2011，46（增刊1）：106－110．

［124］卞炜．微构造开发技术在小断块油田的应用［J］．海洋石油，2004，25（3）：69－72．

［125］朱红涛，胡小强，张新科，等．油层微构造研究及其应用［J］．海洋石油，2001，30（1）：31－36．

［126］张春生，刘忠保．现代河湖沉积与模拟实验［J］．北京：地质出版社，1997．

［127］朱大岗，孟宪刚，赵希涛，等．纳木错湖相沉积与藏北高原古大湖［J］．地球报，2001，22（2）：149－155．

［128］宋春晖，王新民，师永民，等．青海湖现代滨岸沉积微相及其特征

[J]. 沉积学报, 1999, 17 (1): 51-57.

[129] 陈世悦, 王玲, 李聪, 等. 歧口凹陷古近系沙河街组一段下亚段湖盆咸化成因 [J]. 石油学报, 2012, 33 (1): 40-47.

[130] 宋璠. 板桥凝析油气藏井震综合储层表征研究 [D]. 北京: 中国石油大学 (北京), 2010.

[131] 吴小斌, 侯加根, 孙卫. 特低渗砂岩储层微观孔隙结构及孔隙演化定量分析 [J]. 中南大学学报: 自然科学版, 2011, 42 (11): 3438-3446.

[132] 吴小斌, 侯加根, 孙卫, 等. 基于层次分析方法对姬塬地区流动单元的研究 [D]. 吉林大学学报: 自然科学版, 2011, 41 (4): 1013-1019.

[133] 邹才能, 杨智, 陶士振, 等. 纳米油气与源储共生型油气聚集 [J]. 石油勘探与开发, 2012, 39 (1): 13-26.

[134] 李兴国. 陆相储层沉积微相与微型构造 [M]. 北京: 石油工业出版社, 2000: 5-60.

[135] 夏位荣, 张占峰, 程时清. 油气田开发地质学 [M]. 北京: 石油工业出版社, 1999, 30-56.

[136] 陈定元. 灰色聚类在油砂体评价中的应用 [J]. 安庆师范学院院报 (自然科学版), 2004, 10 (3): 57-59, 81.

[137] 郑爱玲, 王新海. 复杂断块油砂体剩余油分布半定量评价技术 [J]. 石油天然气学报 (江汉石油学院学报), 2010, 32 (6): 127-130.

[138] 孙磙墩, 卢云之, 李林祥, 等. 注水开发后期提高油砂体采收率方法探讨 [J]. 断块油气田, 2003, 10 (4): 23-26.

[139] 操应长, 王艳忠, 徐涛玉, 等. 东营凹陷西部沙四上亚段滩坝砂体有效储层的物性下限及控制因素 [J]. 沉积学报, 2009, 27 (2): 230-237.

[140] 郭睿. 储集层物性下限值确定方法及其补充 [J]. 石油勘探与开发, 2004, 31 (5): 140-144.

[141] 王健, 操应长, 高永进, 等. 东营凹陷古近系红层砂体有效储层的物性下限及控制因素 [J]. 中国石油大学学报 (自然科学版), 2011, 35 (4): 27-33.

[142] 尹志军, 彭仕必. 冀东老爷庙油田古近系东营组东一段沉积相 [J].

石油勘探与开发, 2004, 6 (2): 174-181.

[143] 邓宏文, 高晓鹏, 赵宁, 等. 济阳坳陷北部断陷湖盆陆源碎屑滩坝成因类型、分布规律与成藏特征 [J]. 古地理学报, 2010, 12 (6): 737-747.

[144] 王健, 操应长, 刘惠民, 等. 东营凹陷南坡沙四段上亚段滩坝砂岩储层孔喉结构特征及有效性 [J]. 油气地质与采收率, 2011, 18 (4): 21-24, 34.

[145] 李红, 柳益群, 梁浩, 等. 新疆三塘湖盆地中二叠统芦草沟组湖相白云岩成因 [J]. 古地理学报, 2012, 14 (1): 45-58.

[146] 刘传奇, 吕丁友, 侯冬梅. 渤海 A 油田砂体连通性研究 [J]. 石油物探, 2008, 47 (3): 251-255.

[147] 杜宗君, 姜萍. 利用储层连通性评价剩余油分布 [J]. 国外测井技术, 2005, 20 (1): 25-27.

[148] 秦润森, 徐国盛, 徐兴友, 等. 济阳坳陷沾化凹陷古近系沙四段现今压力场特征及其与油气分布的关系 [J]. 石油与天然气地质, 2007, 28 (3): 329-336.

[149] 石占中, 张一伟, 熊琦华, 等. 大港油田港东开发区剩余油形成与分布的控制因素 [J]. 石油学报, 2005, 26 (1): 79-82, 86.

[150] 穆龙新, 贾文瑞, 贾爱林. 建立定量储层地质模型的新方法 [J]. 石油勘探与开发, 1994, 21 (4): 82-86.

[151] Seifert D, Fensen J L. Using Sequential Indicator Simulation as a Tool in Reservoir Description [J]. Issues and Uncertainties, Mathematical Geology, 1999, 31 (5): 527-550.

[152] Kupfersberger H, Deutsch. Methodology for Integrating Analog Geologic Data in 3-D Variagram Modelling [J]. AAPG, 1999, 83 (8): 1262-1278.

[153] Eoker M D, Glfand A E. Bayesian Modelling and Inference for Geometrically Anisotropic Spatial Data. Math [J]. Geology, 1999, 31 (1): 67-83.

[154] Strebelle S. Conditional simulation of complex geological structures using multiple point statistics [J]. Mathematical Geology, 2002, 34 (1): 1-21.

[155] Maharaja A, Journel A. Hierarchical simulation of multiple-facies reservoirs using multiple-point geostatistics [J]. SPE annual technical conference and exhibition 2005, SPE, 95574: 1-15.

[156] 朱筱敏, 米立军, 钟大康, 等. 济阳坳陷古近系成岩作用及其对储层质量的影响 [J]. 古地理学报, 2006, 8 (3): 295-305.

[157] 刘康宁, 赵伟, 姜在兴, 等. 东营凹陷古近系沙四上亚段滩坝储层特征及次生孔隙展布模式 [J]. 地学前缘, 2012, 19 (1): 163-172.

[158] 苏妮娜, 金振奎, 宋璠. 黄骅坳陷北大港油田古近系碎屑岩储层成岩作用及其对储层质量的影响 [J]. 科技导报, 2009, 27 (9): 58-64.

[159] 谭丽娟, 郭松. 东营凹陷博兴油田沙四上亚段滩坝砂岩油气富集特征及成藏主控因素 [J]. 中国石油大学学报：自然科学版, 2011, 35 (2): 25-31.

[160] 吴胜和. 储层表征与建模 [M]. 北京：石油工业出版社, 2010.

[161] Jiang X Y, Wu S H. Fluvial Reservoir Architecture Modeling and Remaining Oil Analysis [J]. SPE Annual Technical Conference and Exhibition, 2007: 11-14.

[162] 中国科学院兰州地质研究所. 青海湖综合考察报告 [M]. 北京：科学出版社, 1979.

[163] 安芷生, 王平, 沈吉, 等. 青海湖湖底构造及沉积物分布的地球物理勘探研究 [J]. 中国科学：D辑地球科学, 2006, 36 (4): 332-341.

[164] 白振强, 王清华, 杜庆龙, 等. 曲流河砂体三维构型地质建模及数值模拟研究 [J]. 石油学报, 2009, 30 (6): 898-907.

[165] 兰丽凤, 白振强, 于德水, 等. 曲流河砂体三维构型地质建模及应用 [J]. 西南石油大学学报（自然科学版）, 2010, 32 (4): 20-25.

[166] 于德水. 萨北油田曲流型河道砂体建筑结构研究 [J]. 断块油气田, 2011, 18 (1): 30-33.

[167] Ivan F, David H, Jonathan R. A new approach for outcrop characterization and geostatistical analysis of a low-sinuosity fluvial-dominated suc-

cession using digital outcrop models: Upper Triassic Oukaimeden Sandstone Formation, central High Atlas, Morocco [J]. AAPG Bulletin, 2009, 93 (6): 795-827.

[168] 李志鹏, 彭学红, 林承焰, 等. 高浅南区明化镇组单砂体夹层对剩余油的控制作用 [J]. 石油天然气学报 (江汉石油学院学报), 2011, 33 (9): 23-26.

[169] 李阳. 陆相水驱油藏剩余油富集区表征 [M]. 北京: 石油工业出版社, 2011.

[170] 刘建民, 徐守余. 河流相储层沉积模式及对剩余油分布的控制 [J]. 石油学报, 2003, 28 (5): 6-10.

[171] 王夕宾, 钟建华, 薛照杰, 等. 孤岛油田馆 (1+2) 砂层组沉积模式及其对剩余油分布的控制 [J]. 石油大学学报 (自然科学版), 2004, 28 (6): 44-47.

[172] 王延章, 林承焰, 温长云, 等. 夹层分布模式及其对剩余油的控制作用 [J]. 西南石油大学学报, 2006, 28 (5): 6-10.

[173] 林博, 戴俊生, 冀国盛, 等. 河流相建筑结构随机建模与剩余油分布研究 [J]. 石油学报, 2007, 28 (4): 81-85.

[174] 贾红兵, 杨丽君, 渠永宏, 等. 曲流河层内夹层分布对水驱开发效果的影响 [J]. 石油天然气学报 (江汉石油学院学报), 2008, 30 (3): 114-116.

[175] 胡丹丹, 唐玮, 常毓文, 等. 厚油层层内夹层对剩余油的影响研究 [J]. 特种油气藏, 2009, 16 (3): 49-52.

[176] 岳大力, 吴胜和, 程会明, 等. 基于三维储层构型模型的油藏数值模拟及剩余油分布模式 [J]. 中国石油大学学报 (自然科学版), 2008, 32 (2): 21-27.

[177] 齐陆宁, 杨少春, 林博. 河流相储层构型要素组合对剩余油分布影响 [J]. 新疆地质, 2010, 28 (1): 69-72.

[178] 王凤兰, 白振强, 朱伟. 曲流河砂体内部构型及不同开发阶段剩余油分布研究 [J]. 沉积学报, 2011, 29 (3): 512-519.

[179] 薛永超, 程林松. 滨岸相底水砂岩油藏开发后期剩余油分布及主控因素分析——以NH25油藏为例 [J]. 油气地质与采收率, 2010, 17 (6): 78-81.